工程流体力学基础

主 编 刘 影 郑福珍

黑龍江大學出版社
HEILONGJIANG UNIVERSITY PRESS
哈尔滨

图书在版编目（CIP）数据

工程流体力学基础 / 刘影，郑福珍主编．-- 哈尔滨：黑龙江大学出版社，2024.3
ISBN 978-7-5686-1124-4

Ⅰ．①工… Ⅱ．①刘… ②郑… Ⅲ．①工程力学－流体力学－高等职业教育－教材 Ⅳ．①TB126

中国国家版本馆 CIP 数据核字（2024）第 050378 号

工程流体力学基础
GONGCHENG LIUTI LIXUE JICHU
主编　刘　影　郑福珍

责任编辑　李　卉
出版发行　黑龙江大学出版社
地　　址　哈尔滨市南岗区学府三道街 36 号
印　　刷　华雅逸彩（北京）文化有限公司
开　　本　787 毫米 ×1092 毫米　1/16
印　　张　10.25
字　　数　219 千
版　　次　2024 年 3 月第 1 版
印　　次　2024 年 3 月第 1 次印刷
书　　号　ISBN 978-7-5686-1124-4
定　　价　45.00 元

《工程流体力学基础》
编委会

主　　审：苏德权

主　　编：刘　影　郑福珍

副 主 编：石　焱　孙　宇　王　策

参编人员：关崇明　倪　珅　韩沐昕　李晓彤

前　　言

工程流体力学是高等职业教育土建工程、暖通、建筑设备等相关专业的一门重要的专业基础课程。根据土建工程以及暖通等相关专业的教学要求,有针对性地对教学内容进行了改革和定位。编者在“以必需够用为度、理论联系实际”的原则指导下介绍了流体的物理特性、流体静力学、流体运动学、流体动力学基础、流动阻力与水头损失、管路水力计算及流体机械的理论基础等内容,为学生熟练掌握专业计算基础,更好地学习专业课并将专业知识应用于工作实践奠定必要的专业理论基础。本书的编写目的在于让学生通过学习,应用流体力学基本原理对相关工程问题进行分析和计算,培养学生理论与实际相结合解决工程实际问题的初步能力。

本书由黑龙江建筑职业技术学院刘影、郑福珍主编,石焱、孙宇和王策为副主编。全书共七章。第一章由石焱、刘影、孙宇编写;第二章由郑福珍、王策、李晓彤编写;第三章、第四章由刘影、韩沐昕、关崇明编写;第五章由倪珅、郑福珍、王策编写;第六章由刘影、倪珅、石焱编写;第七章由郑福珍、刘影、孙宇编写。

由于编者水平有限,书中难免存在不足和疏漏之处,恳请广大读者批评指正。

目 录

第一章　流体的物理特性

学习目标	**知识目标：** 了解流体力学的学科定义、研究对象、学习方法及其在工程上的应用；掌握流体的基本物理特性；了解作用在流体上的力和流体的力学模型。 **素养目标：** 宏观辨识与微观探析；能够从不同层次认识流体的物理特性，能够从宏观与微观的角度来分析和解决工程实际问题。
学习重点	1. 流体的基本物理特性； 2. 作用在流体上的力。
学习难点	1. 流体的压缩性与热胀性； 2. 流体的黏滞性及牛顿内摩擦定律的应用。
建议学时	4 学时

在暖通工程领域中，供热、供冷、通风除尘、空气调节、给排水及燃气输配等设备系统都以流体作为工作介质，通过对流体的力学特性及平衡、运动规律的运用，能够有效应对工程中涉及的流体运行、管理及专业计算等问题。供热管路、制冷设备以及空调、给排水等系统中通过流体介质的循环流动，达到供热、供冷及空气调节、流体输送的目的，流体流动所涉及的输送管路断面尺寸、流动阻力及输送机械的选型、管道附件的选配以及流体介质流速、流量的控制等都是流体力学的研究范畴。

第一节　流体力学概述

一、流体力学的概念

流体力学是研究流体的平衡和机械运动的力学规律及其在工程实践中应用的一门学科。流体力学属于力学的范畴，它是力学学科的一个组成部分。流体区别于固体的最基本的力学特征就是具有流动性。

二、流体力学的研究内容

流体力学是工程领域相关专业学生必须掌握的一门重要的专业基础课，主要研究力学的基本原理在流体中的应用。

流体力学按照研究的内容可分为流体静力学和流体动力学。流体静力学是研究静止流体中压强的分布规律以及流体与固体边界间的压力分布等问题；流体动力学是研究流体运动参数的变化规律及与固体边界的相互作用等问题。只有学好流体力学，才能正确把握流体介质的力学性质和运动规律，对流体做出科学的定性分析及精确的定量计算，从而正确、有效地解决工程实际中所遇到的各种流体力学问题。流体力学在日常生活中无处不在，大到西气东输、南水北调等工程，小到人体毛细血管内血液的流动，同时流体力学在建筑工程、水利工程、航空航天工程及生物工程等领域的工程实践中得到了广泛应用。

学习流体力学主要需掌握质量守恒、能量守恒、动量守恒和热力学规律等在流体介质中的应用，流体力学的理论是在这些基本原理和定律基础上进行观察实验与研究的。

三、流体力学的研究方法

流体力学的研究方法主要为理论分析、数值计算和实验研究，三种方法互相结合运用，为发展流体力学理论、解决复杂的工程技术问题奠定了基础。我们要深刻理解流体力学原理并掌握这些原理的应用方法才能更好地解决各种工程实际中遇到的流体力学问题。

流体力学概述　小结任务单

1. 什么是流体力学？
2. 流体力学的研究内容都包括什么？
3. 流体力学有几种研究方法？

第二节　流体的主要物理特性

自然界中物质存在的形式有三种，即固体、液体和气体，气体和液体统称为流体。固体分子间的距离很小，内聚力很大，因此固体能够保持一定的形状和体积，具有一定的抗拉、抗压的能力。气体分子间的距离很大，内聚力很小，因此气体既没有固定的形状，也没有固定的体积，且极容易流动。液体分子间的距离介于两者之间，内聚力较小，因此液体几乎不能承受拉力，静止时也不能承受切向力来抵抗剪切变形，但能承受很大的压力。液体有一定的体积，具有与气体分界的自由液面，但没有一定的形状且易流动。

流体与固体最大的区别在于流体具有流动性，流体没有固定形状，其形状取决于约束它的边界的形状，流体几乎不能承受拉力来抵抗拉伸变形，流体状态除了与外力作用有关外，还取决于流体本身的内在物理性质。流体的主要物理性质包括密度、重度、压缩性、热胀性、黏滞性和汽化压强等。

一、流体的密度和重度

流体具有保持其原有状态的惯性，受重力场作用，流体也承受地球引力带来的重力作用，通常用密度 ρ 和重度 γ 来表征其物理特性。

1. 密度

密度：单位体积的流体所含有的物质的多少，称为流体的密度。在流体内部取某点的微小体积 ΔV，若其中所包含的流体质量为 Δm，则 $\Delta m/\Delta V$ 即为流体的平均密度；当 $\Delta V\to 0$ 时，即为流体在该点处的密度。

$$\rho = \lim_{\Delta V\to 0}\frac{\Delta m}{\Delta V} \tag{1-1}$$

在均质流体中，其密度为

$$\rho = \frac{m}{V} \tag{1-2}$$

式中，ρ——流体的密度，kg/m^3；

m——流体的质量，kg；

V——流体的体积，m^3。

2. 重度

重度：单位体积流体所具有的重量称为重度。对于非均质流体，定义流体内部某点的微小体积为 ΔV，重量为 ΔG，当 $\Delta V\to 0$ 时，流体中某质点的重度为

$$\gamma = \lim_{\Delta V \to 0} \frac{\Delta G}{\Delta V} \tag{1-3}$$

对于均质流体，其重度为

$$\gamma = \frac{G}{V} \tag{1-4}$$

式中，γ——流体的重度，N/m^3；

G——流体的重量，N；

V——流体的体积，m^3。

因为重量等于质量与重力加速度的乘积，即 $G=mg$，所以重度等于密度与重力加速度的乘积

$$\gamma = \rho g \tag{1-5}$$

式中，$g=9.81\ m/s^2$，为重力加速度。

流体的密度和重度均为其压力与温度的函数，即同一种流体的密度和重度将随温度与压力而变化。不同的液体，其密度和重度不同。表 1-1 列出了标准大气压下水在不同温度时的密度和重度。一般在工程上认为水的密度和重度变化不大，常取 4 ℃蒸馏水的 $\rho=1000.0\ kg/m^3$ 和 $\gamma=9800\ N/m^3$ 作为日常计算值。几种常见流体的密度见表 1-2。

表 1-1　标准大气压下水在不同温度时的密度和重度

温度/℃	重度/(N·m³)	密度/(kg·m³)
0	9806	999.9
4	9800	1000.0
10	9798	999.7
20	9790	998.2
30	9755	995.7
40	9731	992.2
50	9690	988.1
60	9645	983.2
70	9590	977.8
80	9529	971.8
90	9467	965.3
100	9399	958.4

表 1-2 标准大气压下常见流体的密度

流体的种类	温度/℃	密度/($kg \cdot m^3$)
海水	15	1020~1030
润滑油	15	890~920
液压油	15	860~900
柴油	20	840~900
空气	0	1.293
汽油	15	700~750
重油	20	980
水银	0	13600
酒精	15	790~800
空气	0	1.293
二氧化碳	0	1.977

【例题 1-1】在一个标准大气压下,1 瓶 570 mL 水的质量和重量各为多少?

【解】已知 $V=570\ mL=0.00057\ m^3$, $\rho_{水}=1000\ kg/m^3$,$\gamma_{水}=9800\ N/m^3$,

由式(1-2) $m=\rho V=1000\times0.00057=0.57\ kg$,

再由式(1-4) $G=\gamma V=9800\times0.00057=5.586\ N$。

【例题 1-2】已知水银的密度 $\rho=13600\ kg/m^3$,试求其重度。

【解】由式(1-5) $\gamma=\rho g=13600\times9.81=133416\ N/m^3$。

二、流体的压缩性和热胀性

1.液体的压缩性和热胀性

流体的体积和密度随作用在流体上的压强的变化而变化。等温状态下,压强增大,分子间距缩小,流体体积缩小的特性称为流体的压缩性;等压状态下,流体温度升高,分子间距增大,流体体积增大的特性称为流体的热胀性。

流体压缩性的大小用体积压缩系数 β 来度量。定义原体积为 V 的流体,当流体温度不变时,增加一个 Δp 的压强所引起的体积变化为 ΔV,$\Delta V/V$ 是体积的相对缩小值。定义流体的压缩系数为流体体积的相对缩小值与压强的增量之比,即

$$\beta=-\frac{\Delta V/V}{\Delta p} \tag{1-6}$$

式(1-6)中的负号表示当压强增大时,流体体积必然缩小,需要加负号使体积压缩系

数保持为正值。当压强增量很小时,也可以写成微分形式,即

$$\beta=-\frac{\mathrm{d}V/V}{\mathrm{d}p} \tag{1-7}$$

式中,β——流体体积压缩系数,m^2/N;

V——流体原体积,m^3;

$\mathrm{d}V$——流体体积的缩小量,m^3;

$\mathrm{d}p$——流体压强的增加量,N/m^2。

流体体积压缩系数 β 的意义为增加一个单位压强所引起的流体体积的相对缩小量。

体积压缩系数 β 的倒数 $1/\beta$ 称为流体的体积弹性模量,用 E 来表示,单位为 N/m^2,二者之间的关系为

$$E=\frac{1}{\beta} \tag{1-8}$$

β 值越大,E 值越小,则流体压缩性越大。由实验可知,液体的体积压缩系数非常小,例如水在 0 ℃时,压强增加 0.1 MPa,$\beta=1/2000\approx0$。因此,在工程实际中,常将液体当作不可压缩流体处理。只有在某些特殊情况下,如研究高压液体传动、水下爆炸及管路中的水击时,由于压强变化剧烈,才必须考虑液体的压缩性。表 1-3 为水在不同压强下的压缩系数,at 表示工程大气压,1 at= 98000 Pa。

表 1-3　水在不同压强下的压缩系数

压强/at	5	10	20	40	80
压缩系数/($m^2\cdot N^{-1}$)	0.538×10^{-9}	0.536×10^{-9}	0.531×10^{-9}	0.528×10^{-9}	0.515×10^{-9}

流体热胀性的大小用体积热胀系数 α 来度量。热胀系数 α 的意义为当流体压力不变时,每升高 1 个单位温度所引起的流体体积的相对变化率,即

$$\alpha=\frac{\mathrm{d}V/V}{\mathrm{d}T} \tag{1-9}$$

式中,α——流体体积热胀系数,1/K;

V——流体原体积,m^3;

$\mathrm{d}V$——流体体积的增加量,m^3;

$\mathrm{d}T$——流体温度的增加量,K。

表 1-4 为水在不同温度下的热胀系数。

表 1-4　水在不同温度下的热胀系数

温度/℃	10~20	40~50	60~70	90~100
热胀系数/K^{-1}	1.5×10^{-4}	4.2×10^{-4}	5.5×10^{-4}	7.2×10^{-4}

在标准大气压基础上，压强每升高 1 个大气压，水的密度约增加 1/20000。在温度较低时，温度每升高 1 ℃，水的密度约减小 1.5/10000；在温度较高时，温度每升高 1 ℃，水的密度约减小 7/10000。这表明水的热胀性很小，其他液体的热胀系数也很小，因此，一般工程中也不考虑液体的热胀性。但在热水采暖工程中需考虑水的热胀性，在采暖系统中需设置膨胀水箱。

2. 气体的压缩性和热胀性

气体密度随压强和温度的变化而变化，所以当气体的温度较高，压强较低时，气体可以近似地看作理想气体，理想气体的密度、温度和压强间的关系可以用理想气体状态方程表示，即

$$\frac{p}{\rho}=RT \tag{1-10}$$

式中，p——气体绝对压强；

ρ——气体密度；

T——热力学温度；

R——气体常数，对于空气，气体常数 $R=287$ J/(kg·K)，对于其他气体，在标准状态下，$R=8314/n$（n 为气体的相对分子质量）。

理想气体从一个状态到另一个状态下的压强、温度和密度间的关系为

$$\frac{p_1}{\rho_1T_1}=\frac{p_2}{\rho_2T_2} \tag{1-11}$$

当压强不变时，$p_1=p_2$，状态方程可以表达为

$$\rho_1T_1=\rho_2T_2 \tag{1-12}$$

在式(1-12)中，气体的密度和温度为反比关系，即当温度升高时，密度减小，体积增大；反之，当温度降低时，密度增大，体积缩小。表 1-5 为标准大气压下空气的密度和重度。

表 1-5　标准大气压下空气的密度和重度

温度 T/℃	密度 ρ/(kg·m^{-3})	重度 γ/(N·m^{-3})
0	1.293	12.68

续表

温度 T/℃	密度 $\rho/(\mathrm{kg\cdot m^{-3}})$	重度 $\gamma/(\mathrm{N\cdot m^{-3}})$
10	1.248	12.24
20	1.205	11.82
30	1.165	11.43
40	1.128	11.06
50	1.093	10.72
60	1.060	10.40
70	1.029	10.10
80	1.000	9.81
90	0.973	9.55
100	0.946	9.28
200	0.747	7.33

当温度不变时，$T_1=T_2$，状态方程表达为

$$\frac{p_1}{\rho_1}=\frac{p_2}{\rho_2} \tag{1-13}$$

在式(1-13)中，气体的密度和压强为正比关系。

气体的压缩性大，一般视为可压缩流体，但在流速低于 50~70 m/s，其压强和温度变化不大时，体积或密度的变化可忽略不计，例如室内通风系统中的空气就可当作不可压缩流体处理。通过不可压缩流体得出的规律不仅适用于液体流动，也适用于低速气体的流动。在工程流体力学的分析中，一般认为不可压缩流体的密度为常数。

三、流体的黏滞性

静止的流体不能抵抗剪切力，无论作用在流体上的剪切力如何微小，都会破坏流体原有的静止状态，使其产生切向变形，即产生流动。

黏滞性是流体固有的物理性质，流体在运动状态下具有抵抗剪切变形的能力，这一性质称为流体的黏滞性。

1. 流体黏滞性实验

假设有两块其间充满液体的平行平板，下板 a 静止不动，上板 b 以匀速 u 向右移动，如图 1-1 所示。

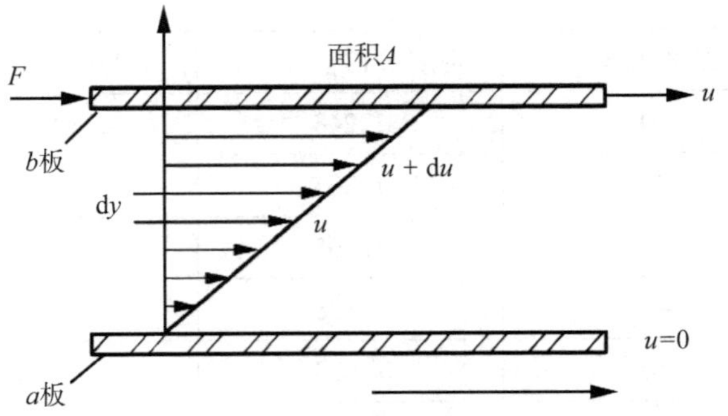

图 1-1　流体黏滞性实验

由于黏滞作用，与 a、b 两板相邻的极薄液体层将黏附在板上，与板保持相同的运动状态，即最上层液体以速度 u 向右移动，最下层液体则静止不动，而这两层液体在运动中影响相邻液体层，也就是说第一层液体将通过黏滞作用影响第二层液体的流速，第二层液体又通过黏滞作用影响第三层液体，以此类推，各流层逐渐影响下去，中间的液体层分别以不同的速度分层运动。可见平板通过液体的黏滞性而对液体运动起阻滞作用。如果某层液体以速度 u 运动，则相距 dy 处的上层液体以 $u+du$ 的速度流动，相邻流层间流速不同，相邻流层接触面上有内摩擦力出现，相互阻滞，流得快的流层对流得慢的流层起拖动作用，且快层作用于慢层的摩擦力与流向一致；反之，慢层对快层起阻滞作用，且慢层作用于快层的摩擦力与流向相反。

黏滞摩擦力：相邻流层间的内摩擦力即黏滞摩擦力，用 T 表示。

黏滞切应力：单位面积上的黏滞摩擦力称为黏滞切应力，用 τ 表示。

2. 牛顿内摩擦力定律

牛顿在 1687 年提出：当流体做层流运动时，各流层间产生的摩擦力 T 与接触面法线方向的速度梯度 du/dy 成正比，与接触面的面积 A 成正比，与流体的物理性质有关，而与接触面上的压力无关，这就是牛顿内摩擦力定律，表达式为

$$T = \mu A \frac{du}{dy} \tag{1-14}$$

黏滞切应力表达式为

$$\tau = \mu \frac{du}{dy} \tag{1-15}$$

式中，T——流层间接触面上的内摩擦力，N；

A——流层间的接触面积，m^2；

du/dy——接触面法线方向的速度梯度，1/s；

μ——反映流体物理性质的比例系数，称为动力黏滞系数，Pa · s；

τ ——黏滞切应力，N/m^2。

流体的黏滞性只有在流体发生运动或变形时才能呈现出来，而流体的运动或变形

一经停止，阻碍流体运动的内摩擦力或切应力也随之消失，流体就不再呈现黏滞性。流体静止时，速度梯度为零，其内摩擦力或切应力也为零，即流体在静止时不能呈现出内摩擦力或切应力。不能说静止不动的流体就不具有黏滞性，实际上黏滞性是一切流体的基本属性，只不过流体只有在运动或变形时其黏滞性才能表现出来。

3. 流体的黏度

动力黏滞系数μ的物理意义是单位速度梯度下的切应力。不同流体有不同的动力黏滞系数，同一流体的μ值越大，黏性越强，反之则越弱。μ为定值的流体称为牛顿流体，适用牛顿内摩擦定律；μ为变量的流体称为非牛顿流体，不适用牛顿内摩擦定律。黏度是反映流体黏滞性大小的参数，当速度梯度等于1时，在数值上μ等于接触面上的黏滞切应力。

运动黏度υ的物理意义是单位速度梯度下，切应力对单位体积质量作用产生的阻力加速度，它是流体动力黏度μ与流体密度ρ的比值，单位为m^2/s或cm^2/s，表达式为

$$\upsilon = \frac{\mu}{\rho} \tag{1-16}$$

气体和液体的黏滞性随温度的变化而变化，气体的黏滞性不受压强影响，液体的黏滞性受压强影响也很小。不同温度下水和空气的动力黏滞系数与运动黏度见表1-6和表1-7。

表1-6　不同温度下水的动力黏滞系数和运动黏度

T/℃	$\mu/(10^{-3}\ Pa\cdot s)$	$\upsilon/(10^{-6}\ m^2\cdot s^{-1})$
0	1.792	1.792
5	1.519	1.519
10	1.310	1.310
15	1.145	1.146
20	1.009	1.011
25	0.895	0.897
30	0.800	0.803
35	0.721	0.725
40	0.654	0.659
45	0.597	0.603
50	0.549	0.556
60	0.469	0.478

续表

T/℃	μ/(10^{-3} Pa·s)	υ/(10^{-6} m^2·s^{-1})
70	0.406	0.415
80	0.357	0.367
90	0.317	0.328
100	0.284	0.296

表 1-7　不同温度下空气的动力黏滞系数和运动黏度

T/℃	μ/(10^{-3} Pa·s)	υ/(10^{-6} m^2·s^{-1})
0	1.72	13.7
10	1.78	14.7
20	1.83	15.7
30	1.87	16.6
40	1.92	17.6
50	1.96	18.6
60	2.01	19.6
70	2.04	20.5
90	2.16	22.9
100	2.18	23.6
120	2.28	26.2
140	2.36	28.5
160	2.42	30.6
180	2.51	33.2
200	2.59	35.8
250	2.80	42.8

由表 1-6 和表 1-7 可见,水的运动黏度随温度升高而减小,空气的运动黏度则随温度升高而增大。原因是液体分子间的距离小,分子间的引力即内聚力是形成黏滞性的主要因素,温度升高,分子动能增大,间距增大,内聚力减小,运动黏度随之减小;气体分子间的距离远大于液体,分子热运动引起的动量交换是形成黏滞性的主要因素,

温度升高,分子热运动加剧,动量交换加大,运动黏度随之增大。

【**例题** 1-3】某流体在间距为 2 mm 的两个平行板之间充满,作用于上板的切应力为 20 Pa 时,上板相对于下板的线速度为 2 m/s,求两板间流体的运动黏度。

【**解**】

$$\tau = \mu \frac{\mathrm{d}u}{\mathrm{d}y} = \mu \frac{2}{0.02} = 20\ \text{Pa},$$

$$\mu = 0.02\ \text{Pa} \cdot \text{s}。$$

流体的主要物理特性　小结任务单

1. 在一个标准大气压下，水在 4 ℃时密度和重度分别为多少？
2. 什么是流体的压缩性？什么是流体的热胀性？什么是流体的体积弹性模量？
3. 牛顿内摩擦定律是什么？流体的动力黏滞系数 μ 和运动黏度 v 之间的关系是什么？

第三节　作用在流体上的力

我们研究流体的平衡和运动规律,除了要了解流体的主要物理性质,还要对作用在流体上的力进行分析。作用于流体上的力按其作用形式的不同可以分为质量力和表面力两种。

一、质量力

质量力作用于流体的每一个质点上,与被作用的流体的质量成正比。在均质流体中,质量力与被作用流体的体积成正比,所以质量力又称为体积力。流体力学中常遇到的质量力有重力和惯性力。单位质量流体所受的质量力叫作单位质量力。设均质流体的质量所受质量力为 F,则单位质量力为 $f=F/M$,若 F 在三维坐标轴上的分量为 F_x、F_y、F_z,则相应的单位质量力在三个坐标轴上的分量为 $X= F_x/M$, $Y=F_y/M$, $Z=F_z/M$。

只受重力场作用的流体所受质量力为:$F_x=F_y=0$, $F_x=-Mg$,单位质量分力则为 $X=Y=0$, $Z=-g$。

设流体质量力为 F,单位质量力则为 $\vec{f}=\dfrac{\vec{F}}{m}$,质量力的单位为 N,单位质量力的单位为 N/kg(或 m/s^2)。

二、表面力

如果在流体中任意取出一块由封闭表面所包围的隔离体,表面力就是作用在被研究的隔离体的表面上与受作用的表面积成正比的力。作用在流体上的表面力可以是大气压力、固体边界对流体的反作用力和摩擦力或者两流层间的摩擦力。由于流体几乎不能承受拉力,所以任何作用于流体隔离体表面上的力只能分解为垂直于作用面的法向力(正压力)和平行于作用面的切向力(内摩擦力)。

在流体隔离体的内部,表面力的分布情况可用单位面积上的表面力即应力来表示。单位面积上的压力称为压应力(压强),用 p 表示;单位面积上的切向力称为切应力,用 τ 表示。

第四节　流体力学模型

一、连续介质模型

1753 年欧拉首先提出将流体视为连续介质。与所有的物质一样,流体也是由大量的分子组成的,分子间有着一定的空隙。然而,一般工程中所涉及流体的尺寸远大于流体质点间的距离,而且工程中所关心的流体力学问题大都是具有一定特性的宏观运动,并不需要了解个别分子的微观运动。

连续介质的基本假设:流体是由充满整个空间的无数质点构成的,而这些质点则具有一定质量,质点间无间隙,是连续的几何点。根据上述假设建立的连续介质模型将流体的物理参量看作时间和空间的连续函数,从而可以充分利用数学分析中连续函数来研究流体的平衡和运动规律。

在连续介质模型的基础上,一般可以认为流体具有均匀性和各向同性,即流体是均匀的,其各部分和各方向上的物理性质都一样。实践证明,连续介质模型对于绝大多数工程流体力学问题都适用,只有在研究的对象为分子或气体的密度极小时才考虑其非连续性。

二、不可压缩流体模型

实际流体的密度都是随温度和压强变化的,即实际流体都是可压缩的。当流体的压缩性很小且可以忽略时,该流体被认为是不可压缩流体。

实验测得,水每增加 1 个标准大气压,其密度约增加 1/20000,在 10～20 ℃范围内,温度每升高 1 ℃,其密度约减小 1.5/10000,可见水的压缩性和热胀性都是很小的,其他液体也是如此。因此,一般情况下可将液体视为不可压缩流体,其密度可视为常数。

气体的密度受温度和压强的影响比液体要大得多,因此,气体的压缩性与热胀性比液体大得多,但是气体在低速流动(一般小于 68 m/s)时,其压强和温度的变化很小,所引起的密度变化也很小(如通风空调工程中的气流),此时的气体压缩性也可以不考虑,该气体一般可视为不可压缩流体,其密度可视为常数。

三、理想流体模型

流体都具有黏滞性,所以一般实际流体都称为黏性流体。在某些工程实际问题中，黏性不发挥作用，或对所研究的流体力学问题所起的作用可以忽略时，可将该流体视为无黏性流体，又称为理想流体。对黏性流体运动的研究，往往先将其作为理想流体，使问题得到简化，得出基本结论后，再通过实验的方法测定黏性的影响，对基本结论给予修正或补充，这也是流体力学常用的一种研究方法。

作用在流体上的力和流体力学模型　小结任务单

1. 作用于流体上形式不同的两种力分别是什么？
2. 什么是流体的连续介质假设？
3. 水每增加 1 个标准大气压，密度约增加多少？在 10～20 ℃范围内，温度每升高 1 ℃，水的密度约减小多少？试讨论不可压缩流体模型。

流体的物理特性　作业任务单

姓名		学号		班级	

作业题目：

1. 水和空气的黏度随温度变化的规律有什么不同？

2. 流体产生内摩擦力(切应力)的根本原因是什么？内摩擦力的大小与哪些因素有关？液体承受拉力、切应力、压力的能力如何？

3. 两个无限大的平板间隙为 d，假定液体速度呈线性分布，液体动力黏滞系数 $\mu=0.651\times10^{-3}$ Pa·s，密度 $\rho=897.12$ kg/m^3，计算：

(1) 以 m^2/s 为单位的流体运动黏度；

(2) 以 Pa 为单位上平板所受的剪切应力及其方向；

(3) 以 Pa 为单位下平板所受的剪切应力及其方向。

4. 如图所示，气缸内壁直径 $D=12$ cm，活塞直径 $d=11.96$ cm，活塞长度 $L=11$ cm，活塞往复运动的速度为 1 m/s，润滑油的黏滞系数 $\mu=0.1$ Pa·s，试求作用在活塞上的黏滞力。

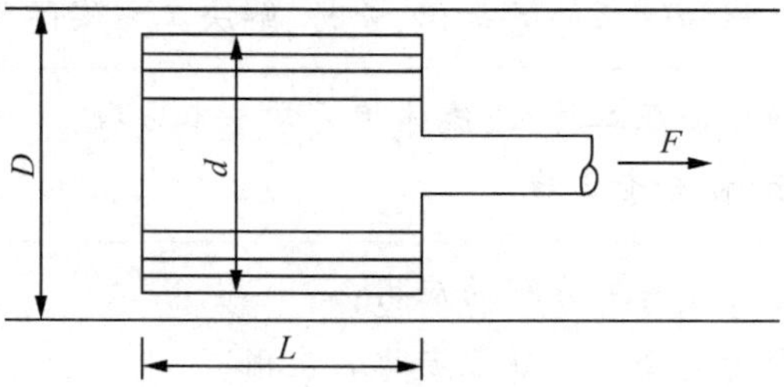

4 题图

作答区(可自行加页)：

小组合作情境探究：

某压缩机在正常运转的情况下，绝对压强从 9.81×10^4 Pa 提升到 3.75×10^5 Pa，温度也由 20 ℃升高到了 55 ℃，试讨论并求出空气体积减小的比例。

第二章　流体静力学

学习目标	**知识目标：** 了解流体静压强的基本特性；熟练掌握静力学基本方程的意义和工程应用；掌握帕斯卡定律的基本原理和工程应用；了解流体静压强的分布规律。 **素养目标：** 逐步培养学生良好的思想道德与职业素养；培养学生应用流体静力学基本方程和等压面的知识，分析、解决工程实际问题的能力。
学习重点	1. 流体静压强基本特征，流体静力学基本方程； 2. 等压面、帕斯卡定律。
学习难点	1. 流体静力学基本方程的应用； 2. 等压面的选择及帕斯卡定律的应用。
建议学时	6 学时

流体处于静止或相对静止时，各质点之间均不产生相对运动，因此，在研究流体静力学问题时，不考虑流体的黏滞性。根据流动性可知，在静止状态下，流体的压应力称为压强。流体静力学着重研究流体在平衡状态下的力学规律以及静水压力在空间上的分布规律，并应用这些规律分析计算静水压强和确定流体对受压作用面的静水总压力。

第一节　流体静压强及其特性

一、流体静压强

流体处于静止或相对静止状态时，不存在切应力，只需研究垂直于受压作用面的压强。在任意流体中取一个微小受压作用面 ΔA，作用在此面上的总压强记为 Δp，则

ΔA 面上的平均静压强应为 $\Delta p/\Delta A$。

$$p = \frac{\Delta p}{\Delta A} \tag{2-1}$$

一般来说,与流体相接触的受压作用面上所受的静压强不是均匀分布的,所以用式(2-1)计算出的平均静压强不能代表受压作用面上各处的真实受力情况,还需建立平均压强的极限概念,即该点处的静压强。

如果让 $\Delta A \to 0$,此时 $\Delta p/\Delta A$ 的极限值称为该点的静压强,即

$$p = \lim_{\Delta A \to 0} \frac{\Delta p}{\Delta A} \tag{2-2}$$

二、流体静压强的基本特征

作用于流体表面的静压强具有以下两个基本特征。

1. 流体静压强的方向垂直指向受压作用面

假设在静止流体中取一个任意控制体,外界对该控制体受压作用面存在一个静压强 p_n,如图 2-1(a)所示,若 p_n 的方向是任意的,不是沿法线方向,则这个静压强 p_n 一定存在切向分量,垂直于受压作用面的法向分力 $p_n\cos\alpha$,平行于受压作用面的切向分力 $p_n\sin\alpha$。由于静止流体中不存在切向力,也不能承受拉力,假设作用在控制体表面任一点的压强方向是外法线方向,如图 2-1(b)所示,流体只能用自身的变形来抵抗切向力,即流体产生流动,这与静止流体的前提相矛盾。所以,流体静压强的方向只能是沿受压作用面内法线方向垂直指向受压作用面,如图 2-1(c)所示。

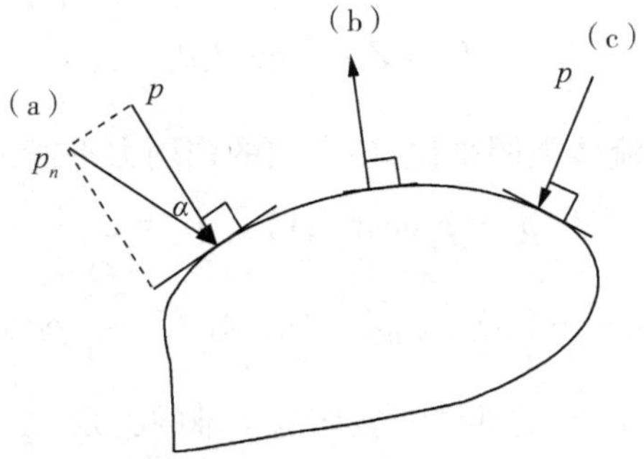

图 2-1　流体静压强的方向

2. 静止流体内部任意点处的流体静压强在各个方向上都相等

在静止流体中任取一流体微团直角四面体 $OABC$,如图 2-2 所示,自 O 点边长分别为 d_x、d_y、d_z,相应坐标轴为 x、y、z。

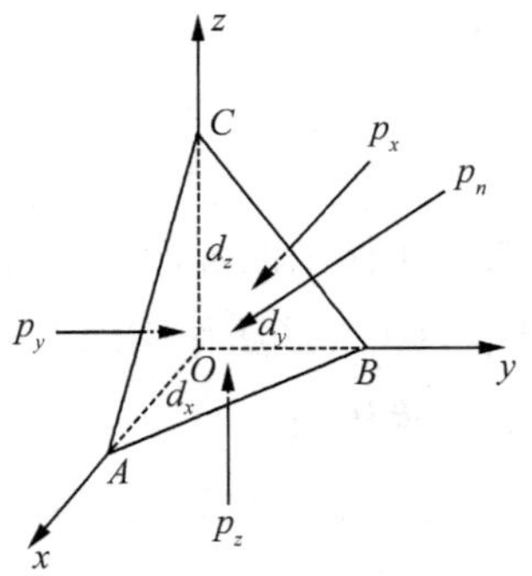

图 2-2　流体微团直角四面体

以 p_x、p_y、p_z 和 p_n 分别代表流体作用在 OBC、OAC、OAB 和 ABC（n 的方向是任意的）上的平均压强，则各面上的总压力为

$$P_x = p_x \cdot \frac{1}{2}d_y d_z$$

$$P_y = p_y \cdot \frac{1}{2}d_x d_z$$

$$P_z = p_z \cdot \frac{1}{2}d_x d_y$$

$$P_n = p_n \cdot S_{\triangle ABC}$$

设单位质量力为 X、Y、Z，则微团总质量力的分力为

$$F_x = X \cdot \frac{1}{6}\rho d_x d_y d_z$$

$$F_y = Y \cdot \frac{1}{6}\rho d_x d_y d_z$$

$$F_z = Z \cdot \frac{1}{6}\rho d_x d_y d_z$$

对于静止状态下的流体微团来说，各方向的作用力平衡，力的平衡方程为

$$p_x - p_n\cos(n,x) + F_x = 0$$

$$p_x \cdot \frac{1}{2}d_y d_z - p_n \cdot S_{\triangle ABC}\cos(n,x) + X \cdot \frac{1}{6}\rho d_x d_y d_z = 0$$

其中，(n,x) 为倾斜平面 ABC 的外法线方向与 x 轴的夹角，$\triangle BOC$ 的面积为

$$S_{\triangle BOC}\cos(n,x) = \frac{1}{2}d_y d_z$$

$$p_x \cdot \frac{1}{2}d_y d_z - p_n \cdot \frac{1}{2}d_y d_z + X \cdot \frac{1}{6}\rho d_x d_y d_z = 0$$

当 d_x、d_y、d_z 趋近于 0 时，流体微团直角四面体缩小至点 O，前面式中的质量力和前两项表面力相比为高阶微量，即可忽略不计，则按流体静力学平衡条件可以证明

$$p_x = p_n$$

同理可证

$$p_y = p_n$$

$$p_z = p_n$$

当四面体无限缩小至一点时，有 $p_x = p_y = p_z = p_n$，即静止流体内任一点各个方向上的静压强是相等的。

流体静压强的第二个特征表明在连续介质的平衡流体中，任一点的流体静压强大小与作用面方向无关，与位置有关，即流体静压强是空间位置的函数

$$p = p(x, y, z) \tag{2-3}$$

流体静压强及其特性　小结任务单

1. 什么是流体静压强？
2. 流体静压强的基本特征是什么？
3. 在连续介质的平衡流体中，任一点的流体静压强大小与作用面方向无关，只与位置有关的表述正确吗？

第二节 重力作用下流体静力学基本方程

一、流体静力学基本方程

图 2-3 为装有流体的容器，在质量力为重力的作用下处于平衡状态，自由液面的压强为 p_0，下面研究重力场中的容器内部流体的压强分布规律。

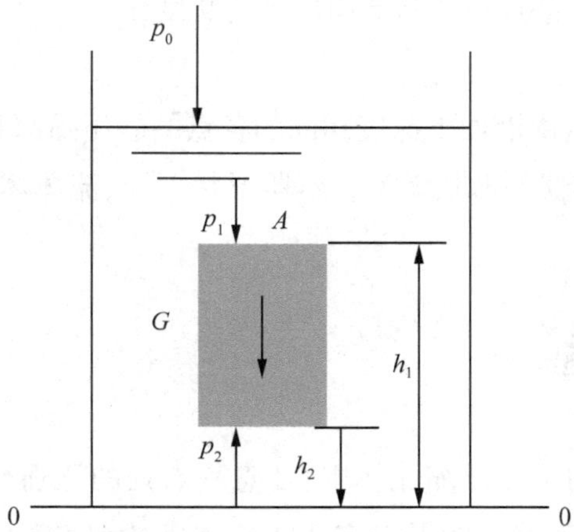

图 2-3 静止流体内部微小液柱的受力分析

容器中流体的密度为 ρ，任意取一截面微小的液柱，如图 2-3 所示。设液柱两端面的截面积为 A，两端面位于流面以下的深度分别为 h_1 和 h_2，两端面上的静压强分别为 p_1 和 p_2。液柱在垂直方向上受到的外力有：微小液柱自身重力 $G = \rho gA(h_1 - h_2)$，上端面流体的总静压强 $P_1 = p_1A$，下端面流体的总静压强 $P_2 = p_2A$。由于流体处于静止状态，根据力的平衡条件可知

$$p_2A - p_1A - \rho gA(h_1 - h_2) = 0$$

化简后得到

$$p_2 - p_1 = \rho g(h_1 - h_2)$$

若将上端面取在自由液面上，自由液面压强为 p_0，则液面以下某点（深度为 h）的静压强为

$$p = p_0 + \rho gh \tag{2-4}$$

式中，p——静止液体内某点压强，Pa 或 N/m^2；

p_0——自由液面压强，对于连通大气的敞口容器，p_0 即为大气压强，以 p_a 表示，Pa 或 N/m^2；

h——自由液面以下某点深度，也称作淹没深度，m。

式(2-4)即为重力作用下流体静压强求解公式,通常称为流体静力学基本方程。方程表明静止流体中任意点的静压强是由自由液面压强 p_0 与微小液柱重量 ρgh 两部分组成的。

由式(2-5)可知,在重力场静止流体中,对于不可压缩均质流体,静压强的大小随深度 h 呈线性变化。

以容器中流体的重度 γ 除以式(2-4)可得

$$z + \frac{p}{\gamma} = c \tag{2-5}$$

式中, z——静止流体中某点在 0 基准面以上的高度,m;

c——常数。

由式(2-5)可知,自由液面下深度相同的各点的静压强都相等。静止流体内部任一点静压强的大小与容器的形状无关。容器形状不同,流体体积不同,但是深度相同时,其静压强相同。

二、帕斯卡定律

处于平衡状态下的不可压缩流体中,任意一点处的压强变化都会等值传递到其他各点,这就是帕斯卡定律。帕斯卡定律在流体机械和工程实际中被广泛应用。

三、等压面

在静止流体中,压强相等的各点构成的面称为等压面,等压面也叫等势面。如流体的自由液面,其上各点的压强均等于液面上气体的压强,所以为等压面,等压面上各点的压强 p 为常数,即 $dp=0$。

作用于静止流体中任意点的质量力必然垂直于通过该点的等压面,或者说等压面与质量力为正交关系。

由式(2-5)可知,位于液面下同一深度的各点流体静压强都相等。因此,在重力作用下的静止流体中,任意一个水平面必是等压面。如果两种互不掺混的流体储存在同一容器中,较重流体在下,轻的在上,两种液体之间形成的分界面一定是水平面,也是等压面。

等压面的确定需要同种流体在静止状态下,容器内相互连通,不适用于中间被隔断的相互不连通的流体。

四、流体静力学基本方程的意义

式(2-4)和式(2-5)是在重力作用下不同形式的液体静压强分布规律,均称为流体静力学基本方程。$z+\frac{p}{\gamma}=c$ 中,各项都有其物理意义。

z 为流体相对基准面的高度,称为位置高度或者位置水头,是单位重量流体所具有的相对于基准面的位置势能,简称位能。

$\frac{p}{\gamma}$为压强水头,是单位重量流体所具有的压强势能,简称压能。

$\frac{z+p}{\gamma}$为测压管高度或者测压管水头,是单位重量流体所具有的总势能。

静力学基本方程表示在均质连通的静止流体中,各点的测压管水头保持一致,由式(2-5)可知,在静止流体中,各点处单位重量流体具有的总势能相等。在不同的位置两部分能量可以相互转换,但二者的总和保持不变。式(2-5)实质上是能量守恒定律的具体应用。

重力作用下流体静力学基本方程　小结任务单

1. 什么是流体静力学基本方程?
2. 静止流体中任意点的静压强由哪几部分组成?自由液面下深度相同的各点的静压强之间是什么关系?
3. 什么是等压面?确定等压面需要注意几点?

第三节　压强的计算基准和度量单位

在工程实践中,为了方便度量流体中某点的压强,可以采用不同的计算基准和度量单位。

一、压强的计算基准

在实际计算中,不同静水压强的计算起点需采用不同的计算基准来计量。通常压强的计算基准分为绝对压强和相对压强,如图 2-4 所示。

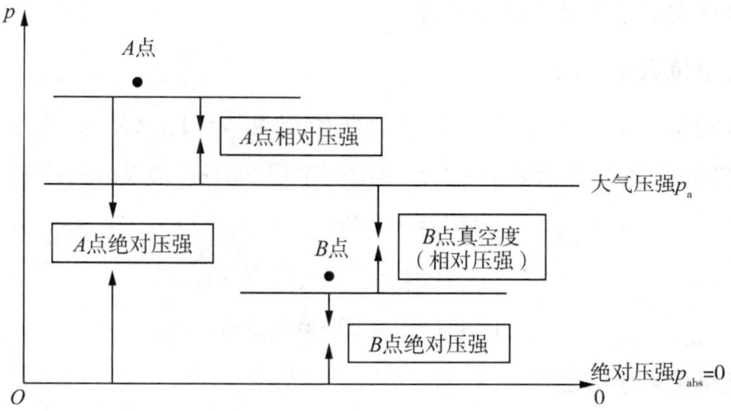

图 2-4　静压强的计算基准

绝对压强:以无气体分子存在的绝对真空为计算基准的压强,称为绝对压强,以 p_{abs} 表示。

相对压强:以当地同高程的大气压作为计算基准的压强,称为相对压强,以 p 表示。

工程测量使用的压力表在当地大气压强作用下,指针读数为零,那么用这一压力表所测得的压强值则为相对压强。建筑设计相关计算时,一般采用相对压强作为计算基准简化计算。大气压强在不同地区、不同季节、不同气象条件下,数值都不固定,所以也可称为当地大气压强,以 p_a 表示。

绝对压强和相对压强是按两种不同计算基准计量的压强,它们之间相差一个当地压强 p_a,二者的关系可以表达为

$$p=p_{abs}-p_a \tag{2-6}$$

在实际工程中,常会遇到自由液面连通大气的情况,自由液面上的气体压强等于当地大气压强,即 $p_{abs}=p_a$。所以,此时静止流体中任意点的相对压强为

$$p=(p_{abs}+\rho gh)-p_a=\rho gh \tag{2-7}$$

真空度：当流体中某点的绝对压强小于当地大气压强时，其相对压强为负值，又称为负压，其值大小为真空度，用 p_v 表示

$$p_v=p_a-p_{abs}=-p \tag{2-8}$$

绝对压强总是正值，而相对压强则可能为正值，也可能为负值。可见，真空存在的点，其相对压强的绝对值与真空度相等，相对压强为负值，真空度为正值。

二、压强的度量单位

工程上为了使用方便，在不同的情况下，度量压强时会采用不同的单位来表示。常用的压强单位表示方法有以下三种：

1. 应力单位表示方法

从压强的基本定义出发，在国际单位制中用 N/m^2、Pa、kN/m^2、kPa 表示，如果压强值过大，则采用 MPa 来表示；在工程单位制中用 kgf/m^2 或 kgf/cm^2 表示。

$$1\ MPa=10^6\ Pa$$

$$1\ kgf/cm^2=9.8\times10^4\ N/m^2$$

$$1\ kgf/cm^2=10000\ kgf/m^2$$

2. 液柱单位表示方法

水中任一点的静水压强还可以用液柱高度来度量，这种表示方法在工程应用上有着特殊的意义，它具有形象、直观、方便的特点。一般用水柱或水银柱高度来表示，常用单位为 mH_2O 或 mmHg。

压强的单位由作用于单位面积上的压强换算成液柱高度 h 的表达式为

$$h=\frac{P}{\gamma} \tag{2-9}$$

流体中任意一点的相对压强都可以用水柱高度来表示，通常称为压强水头。绝对压强为 98000 N/m^2（1 个标准大气压），若用水柱高度来表示（水的密度 $\rho=1000\ kg/m^3$），则

$$h=\frac{P}{\gamma}=\frac{98000}{1000\times9.8}=10\ mH_2O$$

当用水银柱高度表示时（水银的密度 $\rho=13600\ kg/m^3$），则

$$h=\frac{P}{\gamma}=\frac{98000}{13600\times9.8}=735\ mmHg$$

反之，10 mH_2O 或 735 mmHg 会产生相当于 98000 N/m^2 的压强。

3. 大气压的倍数表示方法

环绕地球的大气层对地面和空间的一切物体都有压强，大气压强通常简称为大气压。由于各地区的海拔和气候条件不同，所以各地区大气压强的大小也随之变化。国际上规定海平面上温度为 0 ℃时，空气的平均压强定为标准大气压（又称物理大气压），用 atm 表示。

标准大气压：

$$1\ \text{atm}=101325\ \text{N/m}^2=760\ \text{mmHg}=10.33\ \text{mH}_2\text{O}$$

在工程实践中，为了计算方便，可以不计小数，用 at 表示，即工程大气压：

$$1\ \text{at}=10000\ \text{kgf/m}^2=98000\ \text{N/m}^2=735\ \text{mmHg}=10\ \text{mH}_2\text{O}$$

一般工程中常以工程大气压来表示大气压强，只有在研究较精确的问题时，才采用标准大气压进行计算。

当应用静水压强基本方程式计算静压强时，如果采用不同的计算基准和度量单位，其结果数值就不同。因此计算中要注意以下几点：

在公式 $p=p_0+\rho gh$ 中，自由液面上的压强要分清是绝对压强还是相对压强，求出的任意点压强 p 应与所计算的基准一致，工程上大多采用相对压强。

若自由液面上为大气压强，即绝对压强计算公式可写成

$$p_{\text{abs}}=p_{\text{a}}+\rho gh \tag{2-10}$$

国际单位制和工程单位制压强的不同单位换算关系见表 2-1。

表 2-1　压强单位的换算关系

压强单位	Pa	kPa	bar	mmH_2O	mH_2O	mmHg	at	atm
换算关系	9.8	9.8×10^{-3}	9.8×10^{-5}	1	0.001	0.0735	10^{-4}	9.67×10^{-5}
	9800	9.8	9.8×10^{-2}	10^3	1	73.5	0.1	0.0967
	133.33	0.13333	1.33×10^{-3}	13.6	0.0136	1	0.00136	0.0132
	98000	98	0.98	10^4	10	735	1	0.967
	101325	101.325	1.01325	10332	10.332	760	1.033	1

【例题 2-1】当地大气压强为 101325 Pa，试求露天水池 1.5 m 处的相对压强和绝对压强。

【解】1.5 m 处的相对压强为

$p=\rho gh=1000\times9.8\times1.5=14700\ \text{Pa}$，

该点的绝对压强为

$p_{abs}=p_a+\rho gh=p_a+p=101325+14700=116025\ \text{Pa}$。

【例题 2-2】离心泵进水管路中某点的绝对压强为 58.50 kPa，当地大气压强为 98.07 kPa，试求该点的相对压强，该点是否存在真空度？压强值为多少？

【解】该点的相对压强为

$p=p_{abs}-p_a=58.50-98.07=-39.57\ \text{kPa}$，

计算结果显示，该点相对压强为负值，所以该点存在真空度，压强值为

$p_v=p_a-p_{abs}=98.07-58.50=39.57\ \text{kPa}$。

【例题 2-3】有一敞口水池如图 2-5 所示，已知液面压强 $p_0=98.10\ \text{kPa}$，求作用在池中 A、B、C、D 各点的静压强及其作用方向。

【解】因 A、B、C 在同一水平面上，所以

$p_A=p_B=p_C=p$，

$p=p_0+\gamma h_1=98.10+9.81\times1=107.91\ \text{kPa}$，

$p_D=p_0+\gamma(h_1+h_2)=98.10+9.81\times(0.9+1)=116.74\ \text{kPa}$，

静压强的方向如图 2-5 箭头所示。

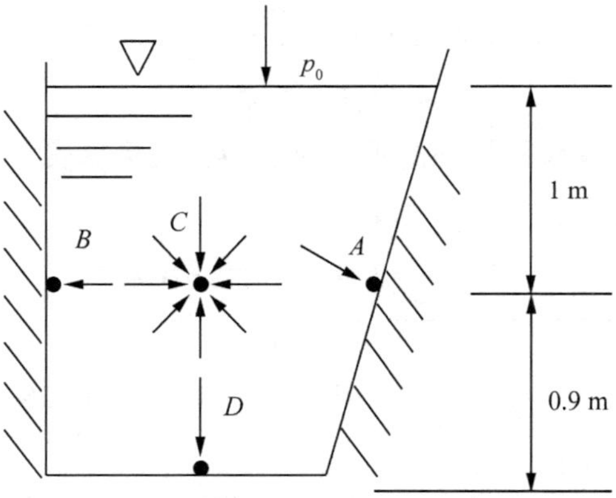

图 2-5　例题 2-3

压强的计算基准和度量单位　小结任务单

1. 什么是绝对压强？什么是相对压强？
2. 如何将压强的单位由单位面积上所受的压强换算成液柱高度？
3. 什么是工程大气压？1 个工程大气压等于多少帕斯卡？

第四节　流体静力学基本方程的应用

一、连通器内流体的平衡规律

所谓连通器是指底部(液面以下)互相连通的两个或几个容器。下面利用流体静力学基本方程来分析连通器内流体的平衡规律。

图2-6所示的连通器内部装有密度为ρ的匀质流体,作用于两端面上的压强分别为p_1和p_2,在两端处于平衡状态下的高度差为h。设等压面$a-a$处的压强为p,由式(2-4)得

$$p=p_1+\rho g h_1$$

$$p=p_2+\rho g h_2$$

两式相减并移项得到连通器内流体的平衡规律

$$h=h_2-h_1=\frac{p_1-p_2}{\rho g} \tag{2-11}$$

由上式可知,对于同一均质流体,当$h=0$时,$p_1=p_2$。当两部分容器自由液面上的压强相等即$p_1=p_2$时,或自由液面上只有大气压强时,两液面处于同一水平面。这说明在静止的、连续的、同种流体内部,同一水平面上各点的静压强相等。这就是连通器内流体的平衡规律,在流体静压强的计算中经常用到。

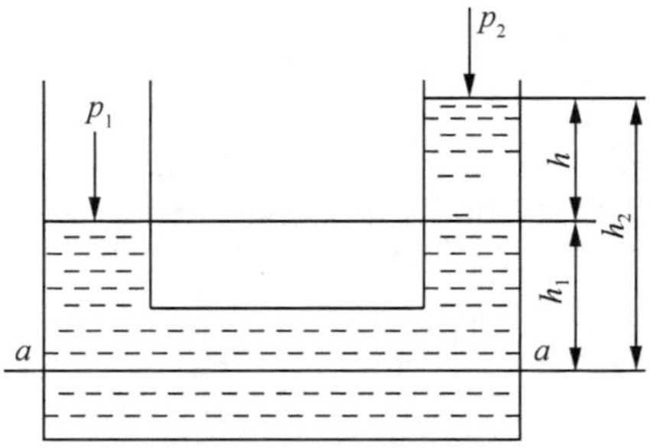

图2-6　连通器示意图

连通器原理可以应用在锅炉水位计上。在锅炉侧壁上装一个玻璃管,其下端与锅炉内液体空间相连通,其上端与锅炉的气体空间相连通,则玻璃管内的液面高度即可代表锅炉中的水位高度。

二、液柱式测压计

根据连通器内流体平衡规律讨论几种流体静压强的测量方法。

1. 测压管

图 2-7 为测压管示意图，左侧为一个密封容器，右侧壁接出一根上端开口连通大气、内径不小于 5 mm（避免出现毛细管现象）的细长玻璃管或 U 形玻璃管，这个玻璃管称为测压管。测压管内液体通向大气，表面上作用着大气压强，为自由液面。测压管用于测量流体内部某点的相对静压强值，在相对压强的作用下，流体在管中会上升或下降一定的高度。与大气相通的液面相对静压强为零，根据液柱高度就可以观测并计算得到被测点的相对静压强值。

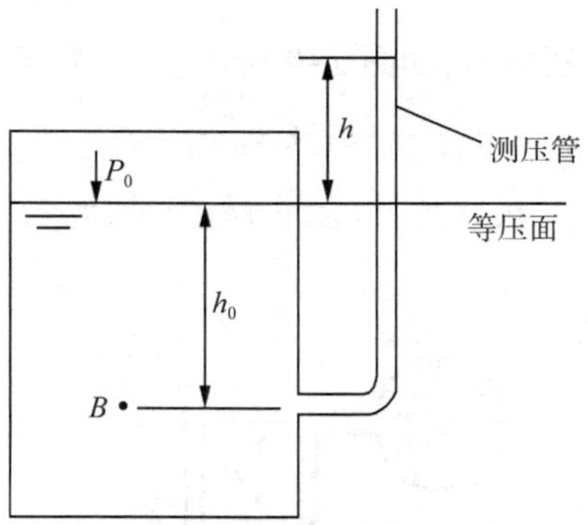

图 2-7　测压管示意图

用测压管测量流体静压强时，采用直管还是 U 形管、管内是否需装入一定量的工作指示流体以及装什么流体合适，应以能较准确、方便地读取液柱高度值为原则，根据具体情况而定。

当被测介质为流体且压强不是很大时，一般采用直管，被测点的相对压强即为液柱高度产生的静压强。

2. U 形管测压计

当测量气体或流体压强较大时，宜采用 U 形管测压计，且 U 形管内需装入一定量的工作指示流体，常用工作指示流体有水和水银。一般测量较小压强时用水，测量较大压强时用水银。

当测点压强大于大气压强时，如图 2-8 所示，$A-A$ 为等压面，则有

$$p_{abs} + \gamma h_1 = p_a + \gamma_{Hg} h_2$$

$$p = p_{abs} - p_a = \gamma_{Hg} h_2 - \gamma h_1$$

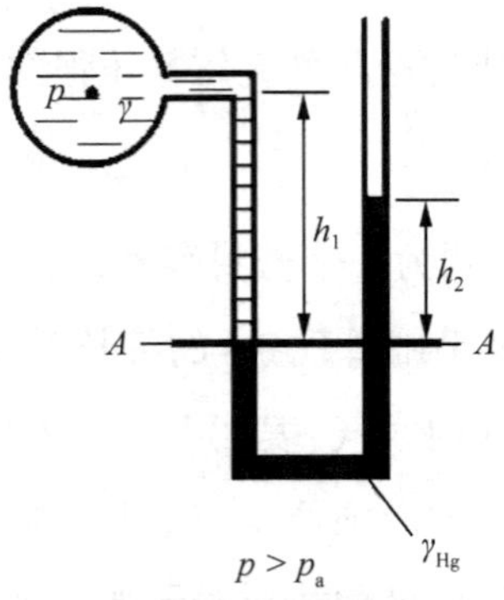

图 2-8　U 形管测压计测点压强大于大气压强的示意图

当测点压强小于大气压强时,如图 2-9 所示,$A-A$ 为等压面,则有

$$p_{abs} + \gamma h_1 + \gamma_{Hg} h_2 = p_a$$

$$p_v = p_a - p_{abs} = \gamma h_1 + \gamma_{Hg} h_2$$

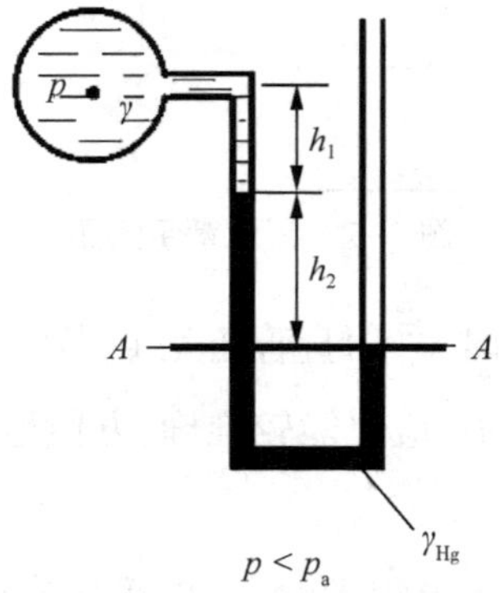

图 2-9　U 形管测压计测点压强小于大气压强的示意图

组合式 U 型管测压计如图 2-10 所示,由于气体的重度很小,可以忽略气柱的重量,$A-A$、$B-B$ 为等压面,则有

$$p = \gamma_{Hg}h_3 + \gamma_{Hg}h_2 - \gamma h_1$$

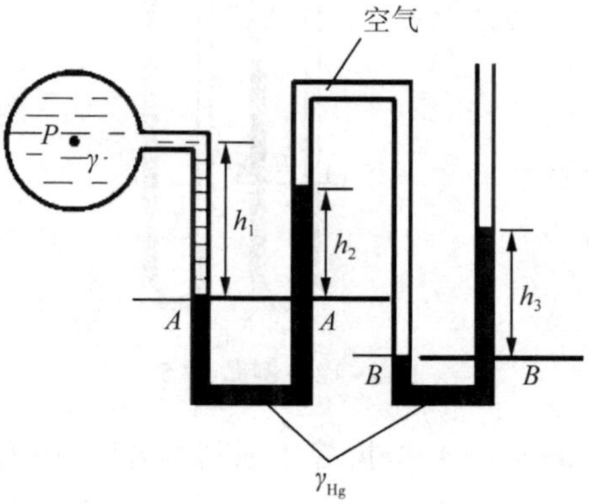

图 2-10　组合式 U 型管测压计示意图

【例题 2-4】测压管内水面比容器内水面低，如图 2-11 所示。已知 $h_1=4.0$ m，$h_2=2.5$ m，试求容器内液面的相对压强和真空压强。

【解】取等压面 N-N，由于

$p_0+\gamma(h_1-h_2)=0$，

所以液面相对压强为：

$p_{相对}=-\gamma(h_1-h_2)=-9.81\times(4-2.5)=-14.72$ kPa。

而液面真空压强为正值：

$p_{真空}=-p_{相对}=14.72$ kPa。

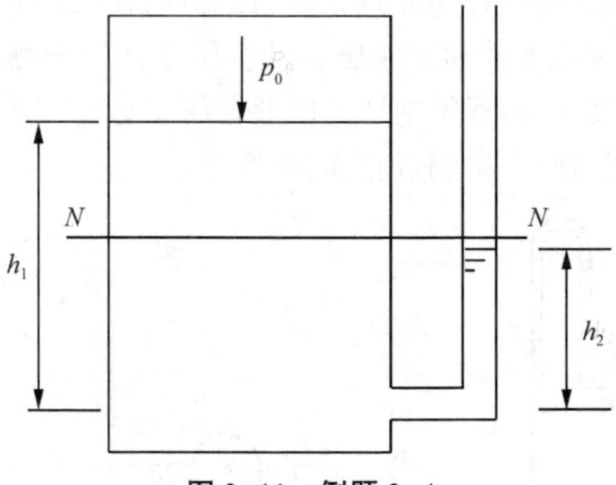

图 2-11　例题 2-4

【例题 2-5】对于压强较高的密闭容器可采用复式水银测压计。已知测压管中各液面高程为：$h_1=1.8$ m，$h_2=0.4$ m，$h_3=1.5$ m，$h_4=0.8$ m，$h_5=2.1$ m，如图 2-12 所示，试求容器内液面压强 p_5。

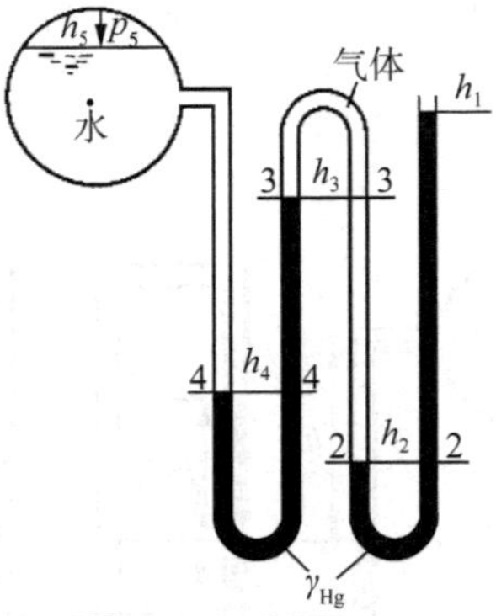

图 2-12　例题 2-5

【解】取等压面 2-2、3-3、4-4，根据静压强基本方程，则有

$p_2=\gamma_{Hg}(h_1-h_2)$，

由于气体的重度远小于液体，所以气柱的重力影响可以忽略不计，则

$p_2=p_3$，

等压面 4-4 上的相对压强为：

$p_4=p_3+\gamma_{Hg}(h_3-h_4)=\gamma_{Hg}(h_1-h_2)+\gamma_{Hg}(h_3-h_4)$，

容器内液面上的相对压强 p_5 为：

$$
\begin{aligned}
p_5&=p_4-\gamma(h_5-h_4)\\
&=\gamma_{Hg}(h_1-h_2)+\gamma_{Hg}(h_3-h_4)-\gamma(h_5-h_4)\\
&=133.3\times(1.8-0.4)+133.3\times(1.5-0.8)-9.81\times(2.1-0.8)\\
&=267.18\ \text{kPa}。
\end{aligned}
$$

3. 压差计

测量两点压强差的仪器叫作压差计，又叫比压计，在流体力学实验室应用较广泛。一般分为气液压差计、油压差计和汞液压差计。压差计用于测量两点之间的静压差，常用 U 形管制成，故又称 U 形管压差计。U 形管压差计与 U 形管测压计的区别在于 U 形管压差计两端分别与两个被测点相通，如图 2-13 所示。

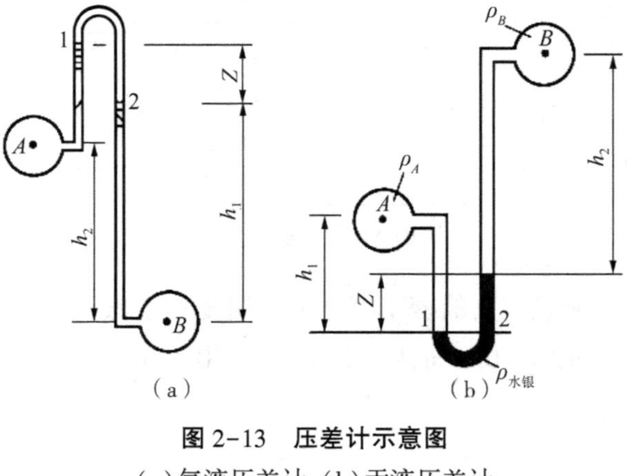

图 2-13　压差计示意图

(a)气液压差计；(b)汞液压差计

U 形管压差计中需装有一定的工作指示流体。当被测介质为气体时，工作指示流体为液体；当被测介质为流体时，工作指示流体可以是液体也可以是气体，但工作指示流体与被测流体不能相同或相混合。在使用时，仍然是根据等压面的规律进行压差计算。

图 2-13(a)为测量 A、B 两点压差的气液压差计。由于气柱高度不大，可忽略不计，认为 1、2 两液面为等压面，则

$$p_1 = p_2$$

$$p_A - (Z + h_1 - h_2)\rho g = p_B - \rho g h_1$$

$$p_A - p_B = (Z - h_2)\rho g \tag{2-12}$$

图 2-13(b)为测量较大压差时采用的汞液压差计，由于 1、2 两液面为等压面，则

$$p_1 = p_2$$

$$p_A + h_1\rho_A g = p_B + h_2\rho_B g + Z\rho_{\mathrm{Hg}} g$$

$$p_A - p_B = h_2\rho_B g + Z\rho_{\mathrm{Hg}} g - h_1\rho_A g \tag{2-13}$$

若 A、B 两处为同种流体，即 $\rho_A = \rho_B = \rho$，则

$$p_A - p_B = Z\rho_{\mathrm{Hg}} g + (h_2 - h_1)\rho g \tag{2-13}$$

若 A、B 两处为同种气体，上式可进一步简化为

$$p_A - p_B = Z\rho_{\mathrm{Hg}} g \tag{2-14}$$

由计算公式可见，汞液压差计量程大，而气液压差计的准确度高。

4. 微压计

当被测压差值较小(如只有几毫米水柱)时，为了提高测量精度，常使用微压计(也称斜管压力计)测量，其结构如图 2-14 所示。

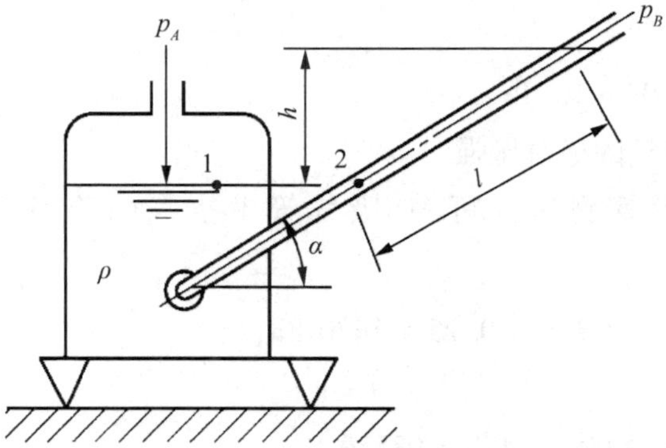

图 2-14　微压计

微压计一般用于测量气体压差。左侧测压杯与需要测量压强的点相连，右侧玻璃管倾斜放置，玻璃管与容器底的夹角为 α，玻璃管读数为 l，容器与玻璃管液面的高度差 $h = l\sin\alpha$，由于测压杯的截面面积远大于测压管的截面面积，因此可忽略测压杯内液面的下降值。当测量两点压差时，测压杯接入压强较大点，测压管接入压强较小点。

由于1、2两点为等压面,列出计算式

$$\begin{aligned} p_A &= p_B + \rho g l \sin\alpha \\ p_A - p_B &= \rho g l \sin\alpha \end{aligned} \tag{2-16}$$

当测量某点压强时,测压杯与被测点相通,测压管敞口端与大气相通,此时被测点的相对压强为

$$p = \rho g l \sin\alpha \tag{2-17}$$

【例2-6】在某通风系统中,通风机排风管接U形管测压计,测得 $h_2 = 300\ \mathrm{mmH_2O}$,吸气管接U形管测压计,测得真空度 $h_1 = 150\ \mathrm{mmH_2O}$,如图2-15所示。设大气压强 $p_a = 10^5\ \mathrm{Pa}$,试求排风管和吸气管中空气的绝对压强。

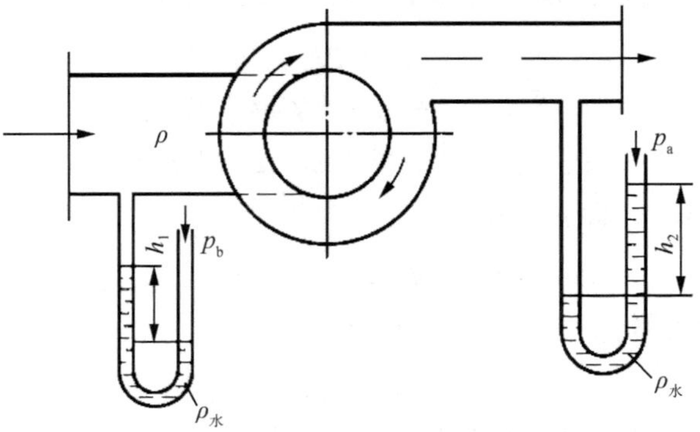

图2-15 例题2-6

【解】(1)排风管中空气的绝对压强

用U形管测压计得到表压力为

$p = \rho_{H_2O} g h_2 = 10^3 \times 9.81 \times 0.3 = 2943\ \mathrm{Pa}$,

则绝对压强为

$p_2 = p_a + p = 1.03 \times 10^5\ \mathrm{Pa}$。

(2)吸气管中空气的绝对压强

由图中的U形管测压计可知,吸气管中空气的绝对压强比大气压强小 $150\ \mathrm{mmH_2O}$,即

$p_v = \rho_{H_2O} g h_1 = 10^3 \times 9.8 \times 0.15 = 1470\ \mathrm{Pa}$,

则绝对压强为

$p_1 = p_a - p_v = 100000 - 1470 = 98530\ \mathrm{Pa}$。

由计算结果可以看出,吸气管中空气的绝对压强比大气压强小,这样通风机才能将空气吸入。通风机吸入口一般装有过滤装置,若刚清洗后测得 $h_1 = 150\ \mathrm{mmH_2O}$,运转一段时间后,过滤器会逐渐被灰尘阻塞,$h_1$ 会逐渐增大,当 h_1 增大到某一数值时,就应该清洗过滤器。

流体静力学基本方程的应用　小结任务单

1. 什么是连通器原理？请举例说明。
2. 压差计用于测量什么？其特点是什么？
3. 在使用组合测压管测量压强时，管中的气柱应如何考虑？

流体静力学　作业任务单

姓名		学号		班级	

作业题目：

1. 如图所示，有一盛水压力容器，液面相对压强 $p_0=98.10\ \text{kPa}$，$h_1=1\ \text{m}$，$h_2=2\ \text{m}$，若以容器底部为基准面，试求 A、B、C 三点的测压管水头。

2. 如图所示，水管 A、B 两点高差 $h_1=0.2\ \text{m}$，U 形管压差计中水银液面高差 $h_2=0.2\ \text{m}$。试求 A、B 两点的压差。

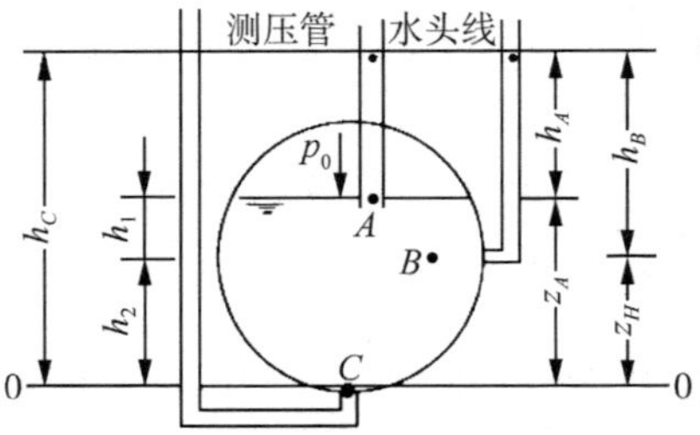

1 题图

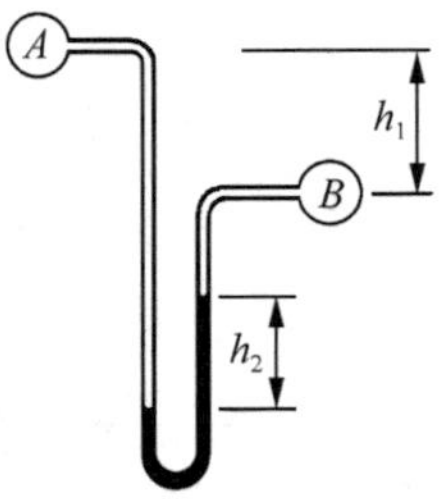

2 题图

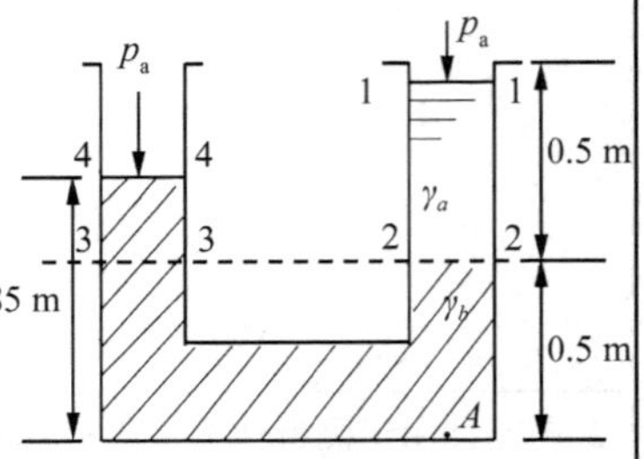

3 题图

3. 如图所示，容器内盛装了重度为 γ_a、γ_b 的两种液体，若 $\gamma_b=9.81\ \text{kN/m}^3$，大气压强 $p_0=98.10\ \text{kPa}$，求 γ_a 及 p_A。

作答区（可自行加页）：

小组合作情境探究：

某密闭水箱，使用复式水银测压计测量液面压强，如图所示。测压管高程单位为 m，试讨论并求出液面的相对压强 p_0。

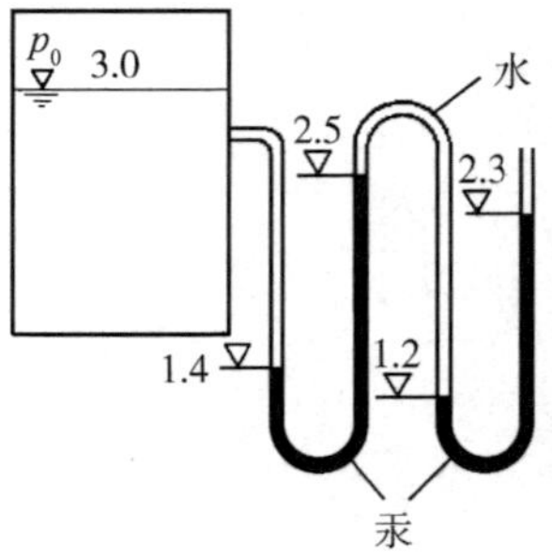

第三章 流体运动学

学习目标	**知识目标：** 了解流体运动的两种描述方法；理解恒定流动、非恒定流动、流线、迹线、微小流束、总流、过流断面、平均流速等基本概念；掌握连续性方程及其工程应用；理解连续性方程的适用条件、物理意义和几何意义。 **素养目标：** 宏观辨识与微观探析；能够从不同层次认识流体运动的物理特性，能够从宏观和微观的角度来分析与解决实际问题；具备应用流体连续性方程分析解决工程实际问题的基本能力。
学习重点	1. 流体运动的两种描述方法和流线、恒定流动等流体的基本概念； 2. 流体连续性方程。
学习难点	连续性方程及其在工程上的应用
建议学时	4 学时

流体运动学主要讨论在某空间点或某区域中的流体运动的描述方法和流体运动参数等问题。当我们用连续介质模型视角来考虑流体问题时，认为流体在流动时是连续的并充满整个流场的，本章从这个出发点分析和讨论工程实践中流体的运动规律。

第一节 流体运动的基本概念

描述流体运动规律有两种方法。一种是拉格朗日法，以流场中的流体质点为研究对象，跟踪每个质点的运动，汇总流场中质点的运动规律和流动参数的变化来描述整个流场流体的运动规律。另一种是欧拉法，综合流场中流体经过各空间点时各质点运动速度、压强等参数的变化规律，获得整个流场的运动特性，又称流场法。

由于流体质点的数量和运动轨迹的观测与研究难度较大，测量流体运动要素时需追踪流体质点移动测量，测出不同瞬时的参数，也很难实现，所以采用拉格朗日法描述流体运动求解极其困难。另外，更为重要的是大多数的工程问题并不需要了解质点运动的全过程，只需着眼于流场中的特定空间点、特定断面或特定空间范围的流体质点运动。例如，打开门窗，风从门窗流入，只需考虑风以多大的流速从门窗流入室内；开动风机时，风机内风速如何分布以及在管道内流体如何输送问题中，我们关心的是流量，只需探讨过流断面上的流速分布即可，而不需要知道流体质点运动的轨迹及其沿轨迹的流速等物理参数的变化。因此，工程实践中普遍采用欧拉法描述流体运动。

欧拉法描述的是特定空间点和区域中的物理参数的变化，比如在很多水文站的水情观测点，可通过观测到的水位分布、流速分布等参数了解整个河流的水文情况。

拉格朗日法和欧拉法在研究流体运动时，只是着眼点不同，并无本质上的差别，对于同一个问题，用两种方法描述的结果应是一致的，而且这两种方法是可以相互转换的。为了方便研究，本书如不加说明，均采用欧拉法来描述流体运动。

一、迹线和流线

在描述流场中流体运动时，引入了迹线和流线的概念，以便从不同角度更清晰地阐述流体运动的特征。

1. 迹线

迹线是流体质点运动形成的轨迹线，是以拉格朗日法进行研究的流体概念。某一流体质点在运动过程中，不同时刻流经的空间点所连成的线称为迹线。从拉格朗日法的视角，即研究各个流体质点在不同时刻的运动情况，所以拉格朗日法是通过迹线来描述流体的各运动要素的，迹线是拉格朗日法分析流体运动的基础。

2. 流线

流线是指某一瞬时，在流场中所作的一条空间曲线，且该曲线上的各个流体质点在瞬时的速度矢量均与该曲线相切。如图 3-1 所示，流线在某一时刻可以清晰读取流体瞬时的流动方向。欧拉法是考察同一时刻流体质点在不同空间位置的运动情况，因而，欧拉法是通过流体运动的流线来获得流体运动要素的。流线是欧拉法分析流体运动的基础。

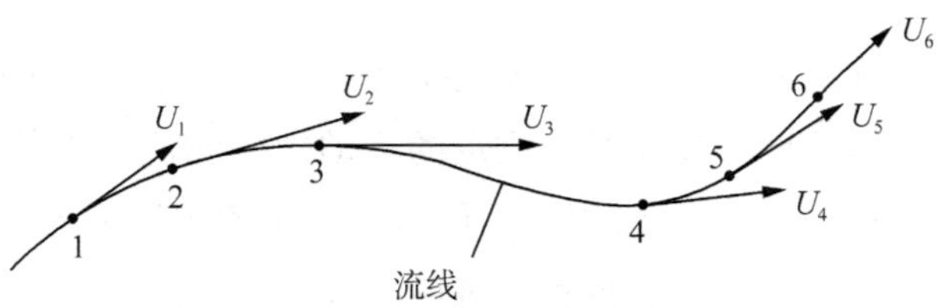

图 3-1　流线示意图

3. 流线的性质

根据流线的概念，流线具有以下几个基本性质：

（1）恒定流动时，流线的形状和位置不随时间变化。恒定流动时其运动要素不随时间改变，流速矢量也不随时间改变，所以不同时刻所作的流线形状和位置也不会改变。非恒定流动时，流线的形状随时间而改变。

（2）恒定流动时，迹线与流线重合；非恒定流动时，迹线与流线一般不会重合。

（3）在实际流场中，某一时刻流场中的流线不能相交。若流线相交，则交点处的流速矢量应同时与这两条流线相切，而同一流体质点在同一时间只能有一个流动方向，所以流线不能相交。

（4）在实际流场中，某一时刻流场中的流线不能有转折。流体是连续介质，各质点的流速矢量是不随时间变化的，流动方向也不随时间而改变，所以流线只能是一条不相交的光滑连续曲线或直线。

（5）通过流线的疏密程度可以判断流体速度的大小。流线越密集的地方，过流横断面就越小，流速越大；反之，流线越稀疏的地方，过流横断面就越大，流速越小。

流线和迹线是两个不同的概念，本教材涉及的大多数流体力学问题都采用基于欧拉法的流线来研究流体运动。

二、恒定流和非恒定流

流场中各空间点上的运动要素不随时间变化，由流速影响而变化的压强、密度等也不随时间变化的流动称为恒定流。反之，流场中流体质点通过空间点时只要有一个运动要素随时间而变化，就是非恒定流。对于恒定流，各运动要素只是空间坐标的函数，恒定流欧拉变量中少了时间 t 使得问题的求解大为简化。

因实际工程中，只有少量现象需要用非恒定流概念进行研究，如水击等，所以本教材后面的研究主要针对恒定流做描述。实际工程中，多数系统正常运行时都属于恒定流，或虽为非恒定流，但运动参数随时间变化较缓，只需按恒定流分析处理即可。

如图 3-2 所示，在水箱出流实例中，图 3-2(a) 中水位保持不变，为恒定流，图 3-2(b) 中水位随时间变化，是非恒定流。

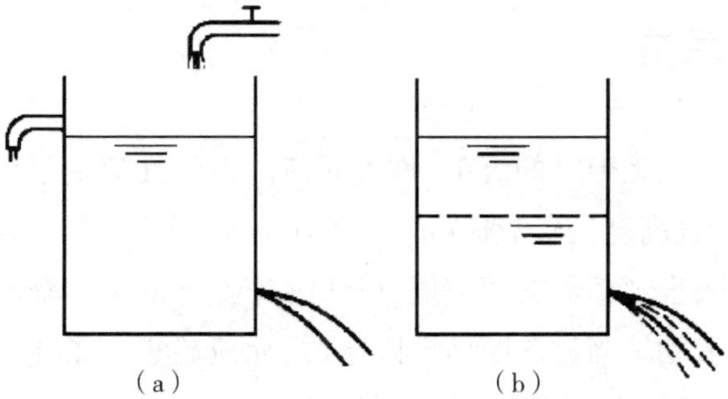

(a)　　　　　(b)

图 3-2　恒定流与非恒定流

(a) 恒定流；(b) 非恒定流

三、一维流动、二维流动和三维流动

维度是影响流体运动参数的空间坐标分量。若运动参数只与空间坐标的一个分量以及时间有关,则流动是一维流动;若运动参数只与空间坐标的两个分量以及时间有关,则流动是二维流动;若空间点上的运动参数(主要是流速)是空间坐标的三个分量和时间变量的函数,则流动是三维流动。例如,除尘器中的空气流动等实际工程问题中多数是三维流动,但运动要素在空间三个坐标方向都变化会使分析和研究变得复杂困难,只有一些边界条件比较简单的实际问题才能求得准确解,因此工程中常设法将三维流动简化为一维流动或二维流动来处理。例如,在无限长圆管内流动的流体,只有轴向速度分量是径向坐标的函数,因此视为一维流动;宽直矩形明渠视为二维流动,即平面流动。在工程实践中,为了研究方便、简化计算,经常选择维度少的坐标系来描述流动,也就是将一些二维流动视为一维流动。

四、流管、流束、过流断面

1. 流管与流束

在流体流场中,任意取一封闭的曲面,过曲面上的所有点作流线构成的一个面,称为流面。过曲面上的所有点所作的流线构成的一个管状流道,称为流管。根据流线的性质,流管内外的流体不能穿透流管进出,流体只能从流管的一端进入,从流管的另一端流出,流管内部流动的流体称为流束。

2. 过流断面

流管内与每个流束内流线垂直的断面,称为过流断面。沿流体流动方向,在流束上可取无数个过流断面。在流线相互平行的均匀流段上,过流断面为平面;在流线相互不平行的非均匀流段上,过流断面为曲面。

五、元流与总流

流管中过流断面上无穷小的流束,称为元流。由于元流的过流断面无穷小,其各点的运动参数,如位置高度(z)、流速(u)、压强(p)等可认为是均匀分布的,任意一点的运动参数即可代表全部断面的相应值,可认为是流速和压强等运动参数只沿流动方向发生变化的一元流动。当过流断面无限小时,元流趋于一条流线,那么元流形状不变,外部流体不能直接流入,内部流体也不能流出。

如果封闭曲线取在管道内壁的周线上,管道内具有一定的过流断面流束,则无穷多元流的总和称为总流。河流、管道流动、渠道流动等都属于总流。

六、流量和断面平均流速

1. 流量

单位时间内通过过流断面的流体体积称为体积流量，用 Q 表示，单位为 m^3/s 或 L/s 等。单位时间内通过过流断面的流体重量称为重量流量，用 G 表示，单位为 kN/s 等。单位时间内通过某一过流断面的流体质量称为质量流量，用 M 表示，单位为 kg/s 等。对于均质不可压缩流体，密度 ρ 为常数时，体积流量和质量流量的关系为 $M=\rho Q$。

设在总流中任取一个元流，其过流断面面积为 dA，因元流的过流断面很小，可以认为断面上各点流速相等，记为 u，方向与过流断面垂直，则经过时段 dt，通过过流断面 dA 的流体体积为 $udAdt$，单位时间 dt 内通过 dA 的流体体积为元流的体积流量

$$dQ=udA \tag{3-1}$$

通过总流过流断面 A 的体积流量应为无限多个元流的体积流量对总流过流断面 A 的积分

$$Q=\int dQ=\int_A udA \tag{3-2}$$

2. 断面平均流速

对于总流流量的求解，首先需要分析总流过流断面上的流体流速的分布规律。在同一个过流断面上，流体质点的流速是不相等的，取过流断面上流体各点流速的平均值作为断面平均流速，认为用断面平均流速 v 计算的流体断面 A 上的流量，与各点以实际速度流动时计算所得到的流量相等。

$$Q=\int_A udA=vA$$

$$Q=vA \tag{3-3}$$

式中，Q——流体体积流量，m^3/s 或 L/s 等；

A——过流断面，m^2 等；

v——断面平均流速，m/s 等。

此式说明流体的体积流量等于过流断面面积与断面平均流速的乘积。

七、压力流和无压流

在压力作用下，流体充满整个流动空间流动的状态称为压力流。

压力流的特点：无自由液面，流体整个周界与固体边壁相接触，对固体边壁有一定

的压力。工程实践中,供热、通风和给水管道中的流体流动一般都是压力流。

当液体流动时,与大气连通并存在自由液面,只依靠流体自身重力作用而流动的状态称为无压流。

无压流的特点:液体的部分周界不与固体边壁相接触,自由液面上的压强即大气压强。天然河流、各种排水管中的流动一般都是无压流。

【例题 3-1】某地下车库矩形通风管道断面尺寸高 $h=0.4$ m,宽 $b=0.6$ m,若管道内断面平均流速 $v=10$ m/s,试求空气的体积流量和质量流量(空气的密度 $\rho=1.2$ kg/m^3)。

【解】根据流体的体积流量计算公式

$Q=vA=10\times0.4\times0.6=2.4$ m^3/s 。

根据流体的质量流量计算公式

$M=\rho Q=1.2\times2.4=2.88$ kg/s 。

流体运动的基本概念 小结任务单

1. 描述流体运动规律的两种方法是什么？工程实践中普遍采用哪种方法描述流体运动？
2. 什么是流线？流线的性质是什么？
3. 什么是断面平均流速？流体的体积流量等于什么？

第二节　恒定流连续性方程

流体的运动遵循质量守恒原理,连续性方程就是质量守恒原理在流体力学中的具体应用。本节内容应用质量守恒原理,研究流体在一定空间内的质量平衡规律。

如图 3-3 所示,在流体总流中任选两个断面 1-1 和 2-2,任取一元流,它在两断面处的面积分别为 dA_1 和 dA_2,两断面处的流速分别为 u_1 和 u_2,对于不可压缩流体来说,密度 ρ 为常数。

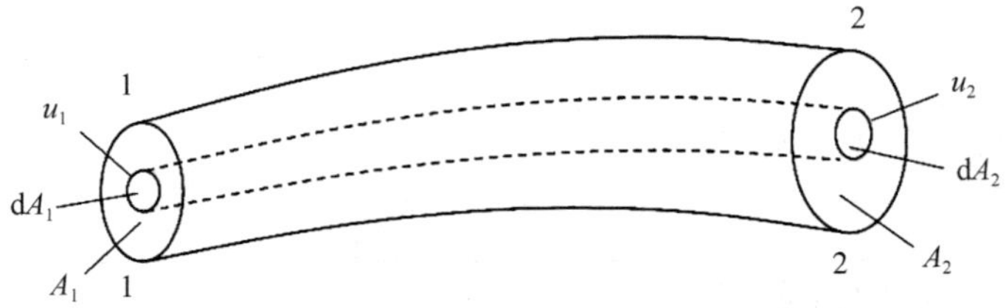

图 3-3　恒定流连续性方程

由于元流内、外的流体互不穿流,所以流体只能从 dA_1 流入,从 dA_2 流出。设时间 dt 内,流入 dA_1 的质量为 $\rho_1u_1dA_1dt$,流入 dA_2 的质量为 $\rho_2u_2dA_2dt$,在恒定流条件下,两个断面间流动空间内流体质量不变,流体连续,根据质量守恒原理,单位时间内从 dA_1 流进的流体质量等于从 dA_2 流出的流体质量,即

$$\rho_1u_1dA_1dt = \rho_2u_2dA_2dt$$

$$\rho_1u_1dA_1 = \rho_2u_2dA_2 \tag{3-4}$$

此式即为可压缩流体恒定流动时元流的连续性方程。

对于不可压缩的流体,密度为常数,$\rho_1=\rho_2$,即

$$u_1dA_1 = u_2dA_2 \tag{3-5}$$

总流是无穷多个元流的总和时,只要将总流中无数多个元流在某断面的流量加起来,也就是沿断面对元流进行积分,就可得到总流的流量,即

$$\int_{A_1} u_1dA_1 = \int_{A_2} u_2dA_2$$

设总流在 1-1、2-2 两断面处的面积分别为 A_1 和 A_2,断面平均流速分别为 v_1 和 v_2,依据平均流速的概念,可用断面平均流速代替点的流速,这样可得到

$$v_1A_1 = v_2A_2 \text{ 或 } \frac{v_1}{v_2} = \frac{A_2}{A_1} \tag{3-6}$$

此式即为不可压缩流体恒定流动时总流的连续性方程。

由于流速与流道断面积的乘积即为体积流量,1-1、2-2 断面是任意选取的,因此对于其他任何一个过流断面都可得出

$$Q_1 = Q_2 = Q = \text{常数} \tag{3-7}$$

由式(3-6)和式(3-7)可以看出，对于不可压缩流体，在有固定边界的恒定总流中任意两个过流断面通过的体积流量相等，断面平均流速与过流断面面积成反比，即流道断面面积越小，其流速越大，断面面积越大，其流速越小。对于可压缩流体，在进、出口断面上的密度可能不相等，这时连续性方程应写成

$$\rho_1 v_1 A_1 = \rho_2 v_2 A_2 \tag{3-8}$$

在应用恒定流连续性方程时应注意：

(1)流体流动必须是恒定流。

(2)流体必须是连续介质。一般情况下流体均看作是连续介质，只有在特殊情况下，如局部发生汽化现象，破坏了介质的连续性，才不能采用连续性方程。

(3)要确定流体是否可压缩，以便采用相应的公式进行计算。

(4)连续性方程是一个运动方程，它既适用于理想流体，也适用于实际流体。

(5)对于有流量输出与输入的分支管道，如三通管的合流与分流或车间的自然换气管网的总管流入和支管流出，都可应用恒定流连续性方程。

上述公式是沿程流量没有发生变化的连续性方程，对于沿程有流量流入或流出的分支管路，如图 3-4 所示，连续性方程的形式如下：

合流时：$Q_1+Q_3=Q_2$；

$v_1A_1+v_3A_3=v_2A_2$。

分流时：$Q_1=Q_2+Q_3$；

$v_1A_1=v_2A_2+v_3A_3$。

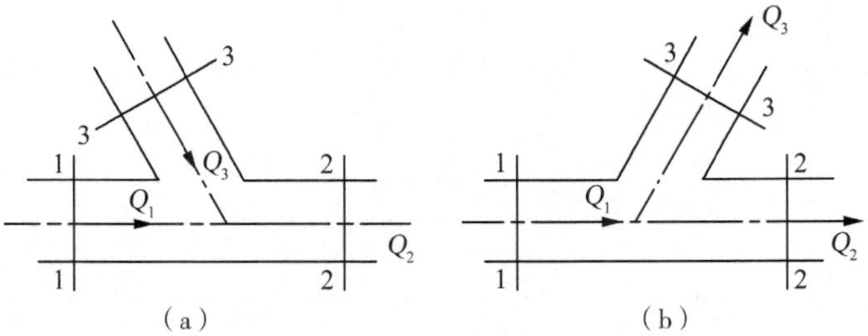

图 3-4　合流与分流情况的连续性方程

(a)合流；(b)分流

【例题 3-2】如图 3-5 所示，变径管路 $d_1=30$ mm，$d_2=42$ mm，$d_3=60$ mm。(1)当流量为 3 L/s 时，求各管段的平均流速；(2)若流量增至 6 L/s，平均流速如何变化？

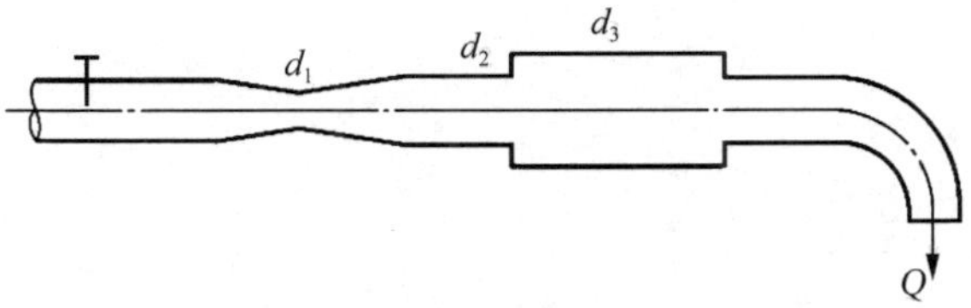

图 3-5　例题 3-2

【解】(1)根据连续性方程可得

$$Q = v_1A_1 = v_2A_2 = v_3A_3,$$

$$v_1 = \frac{Q}{A_1} = \frac{3\times10^{-3}}{\frac{\pi}{4}\times(30\times10^{-3})^2} = 4.25\ \text{m/s},$$

$$v_2 = v_1\frac{A_1}{A_2} = v_1\left(\frac{d_1}{d_2}\right)^2 = 4.25\times\left(\frac{30}{42}\right)^2 = 2.17\ \text{m/s},$$

$$v_3 = v_1\frac{A_1}{A_3} = v_1\left(\frac{d_1}{d_3}\right)^2 = 4.25\times\left(\frac{30}{60}\right)^2 = 1.06\ \text{m/s}。$$

(2)由于各断面面积之比不变,流量增加一倍时,各断面的流速也应相应增大一倍,即

$$v_1 = 8.5\ \text{m/s},$$

$$v_2 = 4.34\ \text{m/s},$$

$$v_3 = 2.12\ \text{m/s}。$$

恒定流连续性方程　小结任务单

1. 流体的运动遵循什么原理？
2. 对于不可压缩流体，在有固定边界的恒定总流中任意两个过流断面通过的体积流量是什么关系？断面平均流速与过流断面面积是什么关系？
3. 对于可压缩流体，连续性方程如何表达？

流体运动学 作业任务单

姓名		学号		班级	

作业题目：

1. 工程实际中，哪些是压力流？哪些是无压流？为什么？举例说明。

2. 对于有合流和分流的管道，是否可应用恒定流连续性方程，如何应用？

3. 如图所示，有一虹吸管，管径 $d=15$ cm，高度 $h_1=2$ m，$h_2=4$ m，若不考虑水头损失，试求虹吸管出口的流速、流量及最高点的压强。

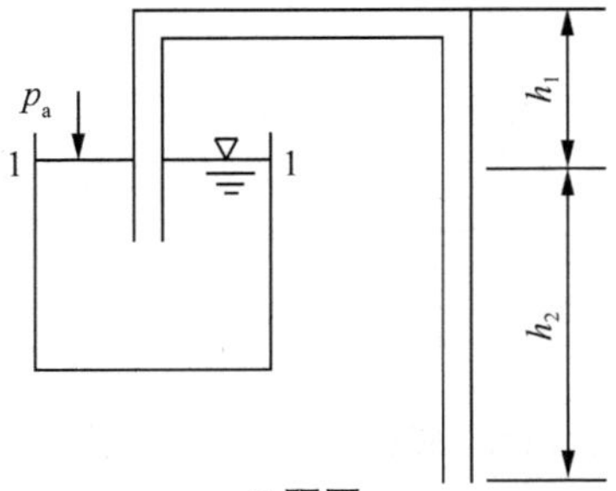

3 题图

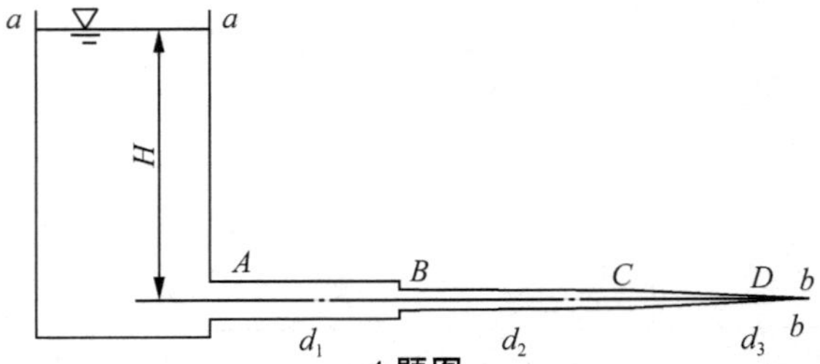

4 题图

4. 如图所示，水箱内的水通过三段不同直径的管道组成的水平管，再由喷嘴流入大气。已知 $H=8$ m，且稳定不变，管径分别为 $d_1=26$ mm，$d_2=16$ mm，$d_3=10$ mm，试求不计水头损失时 AB 与 BC 段的平均流速 u_1 和 u_2。

作答区（可自行加页）：

小组合作情境探究：

某建筑送风系统，送风管断面尺寸为 60 cm×60 cm，如图所示。分别通过 a、b、c、d 四个 30 cm×30 cm 的送风口向房间内输送空气，各送风口气流平均速度均为 4 m/s，试讨论并求出气流通过送风管 1-1、2-2、3-3 各断面时的流量和流速。

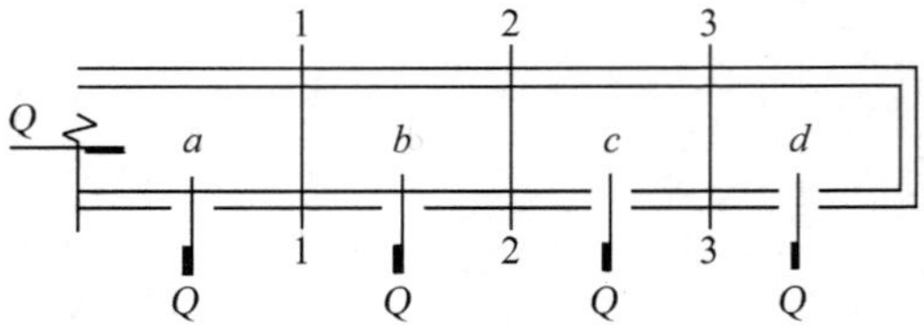

第四章　流体动力学基础

学习目标	**知识目标：** 了解掌握恒定总流伯努利方程的适用条件、物理意义和几何意义(压力水头、速度水头、总水头)；掌握恒定总流伯努利方程、动量方程的工程应用。 **素养目标：** 能够从宏观与微观的角度来分析和解决实际问题；具备应用伯努利方程分析解决工程实际问题的基本能力。
学习重点	1. 恒定总流伯努利方程的适用条件、物理意义和几何意义； 2. 恒定总流动量方程。
学习难点	1. 伯努利方程应用条件及注意的问题，恒定总流动量方程应用时注意的问题及步骤； 2. 恒定总流伯努利方程、动量方程及其与连续性方程的综合运用。
建议学时	6 学时

流体动力学是研究流体运动所涉及的力学规律及其在工程中的应用。工程实践中，流体动力学的研究更具有普遍性和实际意义，其中包括速度、加速度、转角等随时间、空间变化的规律和流体产生运动的原因。本章中的流体动力学基本方程是将物质运动的普遍规律应用于流体运动后得到的，是用来分析和求解流体运动的最基本的理论工具。通过研究流体动力学现象获得流体与流体相互作用的固体边壁间的受力情况。流体的能量之间可以互相转化，流体能量之间的转化遵守能量转换和能量守恒定律。

在图 4-1 中，水箱的水由不同管径的管路恒定出流，取水平面 0-0 为基准面，在管段 A、B、C、D 各点分别接测压管，观察水流的能量变化。

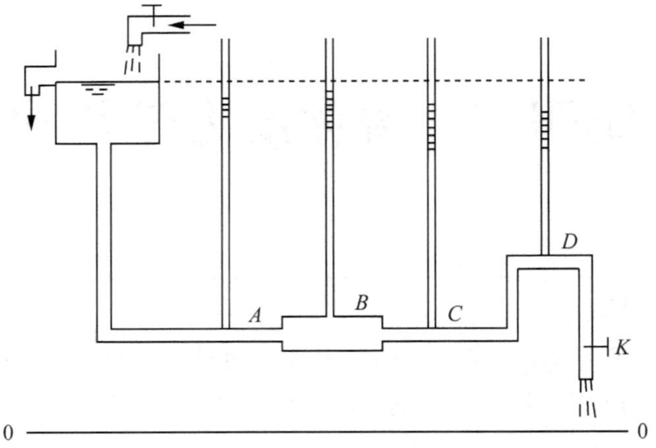

图 4-1　流体能量变化规律

当管段出口阀门 K 关闭时，水流为静止状态，各测压管中的水面与水箱水面平齐，这表明，尽管水箱水面及 A、B、C、D 各点具有不同的位置势能（由各点的相对位置所决定）和压力势能，但两者之和均相等，这说明静止流体中各点的测压管水头均相等。

当管段出口阀门 K 打开时，水流为流动状态，各测压管中的水面均有不同程度的下降，这表明已有部分势能转化为动能，其中 A、C 管段断面面积较小，根据连续性方程，流速较大，产生的动能也较大；B 管段断面面积较大，流速较缓，说明势能转化为动能较少。

如果 A、C 管段足够长，尽管 A、C 管段过流断面面积相等，流速和动能也相等，但两测压管的水面高度有差异，这表明流体流动为克服流动阻力，部分机械能已转化为热能散失掉了，所以 C 管段测压管水面高度要稍低一些。

以上结果表明：流体的机械能包括位能（位置势能）、压能（压力势能）和动能。流体流动过程克服流动阻力还会引起一部分机械能损耗，接下来讨论各种能量之间的关系，研究流体的运动规律。

第一节　恒定元流伯努利方程

恒定元流伯努利方程可根据物理学中的动能定理导出，外力对物体做功的总和等于物体动能的增量，即

$$\sum W = \frac{1}{2}mv_2^2 - \frac{1}{2}mv_1^2 \tag{4-1}$$

式中，$\sum W$——所有外力对流体做功的总和，N · m；

m——流体的质量，kg；

v_1——流体的初速度，m/s；

v_2——流体的末速度，m/s。

如图 4-2 所示，在理想流体恒定流的流场中取一元流，并截取其中 1-1 断面与 2-2 断面之间的流段来研究。

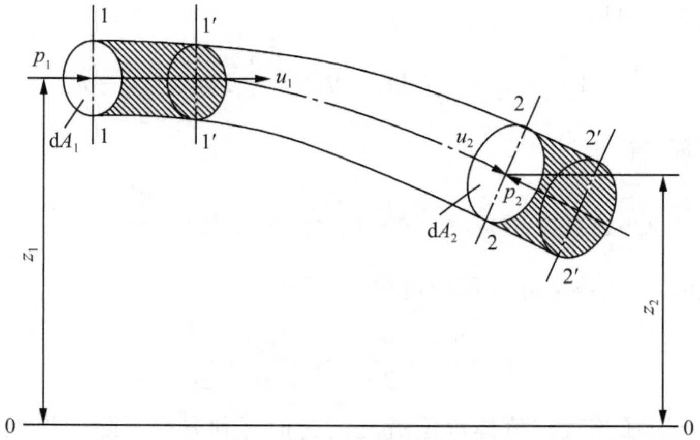

图 4-2　恒定元流伯努利方程

设 1-1 断面和 2-2 断面的过流断面面积为 dA_1 与 dA_2，断面形心点距某一水平基准面 0-0 的垂直距离分别为 z_1 和 z_2，两断面上压强分别为 p_1 和 p_2，流速分别为 u_1 和 u_2。若经过 dt 时段，元流段由原来的 1-1 与 2-2 移动到新的位置 1′-1′与 2′-2′，两断面所移动的距离分别为 u_1dt 和 u_2dt。根据动能定律，元流内的流体在 dt 时段内动能的增量应等于作用于该流段的各种外力所做的功，外力所做的功包括表面力和质量力两部分所做功之和。具体分析如下：

1. 重力做功

如图 4-2 所示，元流在 dt 时段内位置虽有变化，但元流段从 1-2 移动到 1′-2′时，共有流段即 1′-1′与 2-2 之间的流体的位置和形状都没有变化，因此其机械能没有变化，该时段内重力所做的功就等于将 1-1 与 1′-1′之间的流体移动至 2-2 与 2′-2′位置时重力所做的功。由不可压缩流体恒定元流的连续性方程可知，1-1 和 1′-1′之间的流体体积与 2-2 和 2′-2′之间的流体体积是相等的，即 $dA_1u_1dt=dA_2u_2dt=dQdt$，该部分液体的重量为 $\rho g dQdt$，重力做的功为 $\rho g dQdt(z_1-z_2)$。

2. 压力做功

元流侧面上的压力，方向与流体流动方向垂直，其做的功为零。两端过流断面上压力所做的功为

$$p_1dA_1u_1dt-p_2dA_2u_2dt=dQdt(p_1-p_2)$$

由于所研究的运动流体假定为理想流体，因而在元流的侧面上没有摩擦力，计算表面力做功时，没有考虑摩擦力作用。

3. **动能增量**

与计算重力做功相似,当考察元流在 dt 时段内的动能改变,元流段从 1-2 移动到 1′-2′时,共有流段即 1′-1′与 2-2 之间的流体位置和形状没有变化,因而其动能也没有变化。所以该时段内动能增量就等于 2-2 与 2′-2′之间的流体移动至 1-1 与 1′-1′之间流体动能之差,即

$$\frac{1}{2}\rho \mathrm{d}A_2 u_2 \mathrm{d}t u_2^2 - \frac{1}{2}\rho \mathrm{d}A_1 u_1 \mathrm{d}t u_1^2 = \frac{1}{2}\rho \mathrm{d}q_v \mathrm{d}t(u_2^2 - u_1^2)$$

按前述动能定理,有

$$\rho g \mathrm{d}Q \mathrm{d}t(z_1 - z_2) + \mathrm{d}Q \mathrm{d}t(p_1 - p_2) = \rho \mathrm{d}Q \mathrm{d}t\left(\frac{u_2^2}{2} - \frac{u_1^2}{2}\right)$$

将上式各项同时除以 $\rho g \mathrm{d}Q \mathrm{d}t$ 并移项可得

$$z_1 + \frac{p_1}{\gamma} + \frac{u_1^2}{2g} = z_2 + \frac{p_2}{\gamma} + \frac{u_2^2}{2g} \tag{4-2}$$

式(4-2)即为不可压缩理想流体恒定流元流的伯努利方程。此式为理想流体元流或流线的伯努利方程,又称元流能量方程。它表示重力场中理想流体的元流(或在流线上)作恒定流动时,流速、动压强与位置高度三者之间的关系。

在方程的推导过程中,两断面是任意取的,所以可以把这个关系推广到元流的任意断面,即

$$z + \frac{p}{\gamma} + \frac{u^2}{2g} = c$$

实际流体具有黏性,对于每一个元流来说,作用在它上面的外力除了流体压力与重力之外,还有流动时产生的内摩擦力。内摩擦力的方向与流动的方向平行,做功时这部分功最后转化为热能损失掉了。若我们把单位重量的元流在 1-1 到 1′-1′、2-2 到 2′-2′断面间的机械能损失称为元流的水头损失,以 h_w 表示,则 1、2 断面间的元流伯努利方程为

$$z_1 + \frac{p_1}{\gamma} + \frac{u_1^2}{2g} = z_2 + \frac{p_2}{\gamma} + \frac{u_2^2}{2g} + h_{w1-2} \tag{4-2}$$

式中,z_1、z_2——恒定元流断面 1、2 上的点相对于基准面的高度,m;

p_1、p_2——恒定元流断面 1、2 对应点的压强,Pa,一般用同一种压强基准表示;

u_1、u_2——恒定元流断面 1、2 的平均流速,m/s;

h_{w1-2}——恒定元流断面 1、2 间的平均水头损失,mH_2O。

因此,流体元流的总能量沿流动方向逐渐减少。该式只适用于元流,当元流的过流断面 dA 趋近于零时,元流变为一根流线,所以式(4-2)对一根流线也同样适用。

第二节 恒定总流伯努利方程

一、恒定总流伯努利方程

设恒定总流截面 1-1、2-2 处过流断面面积分别为 A_1、A_2，如图 4-3 所示，取渐变流断面 1-1 和 2-2。

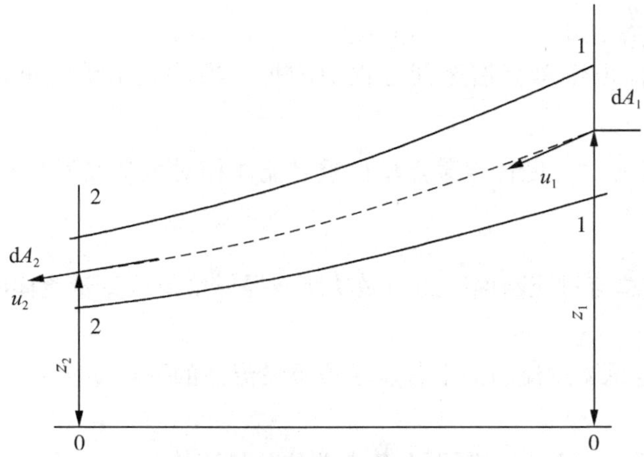

图 4-3 恒定总流伯努利方程

在总流内任取元流，过流断面的微分面积、位置高度、压强及流速分别为 dA_1、dA_2、z_1、z_2、p_1、p_2、u_1、u_2。以单位时间内通过元流某过流断面流体的重量 $\gamma u_1 dA_1 = \gamma u_2 dA_2 = \gamma dQ$ 分别乘以实际流体元流伯努利方程中的各项，得到单位时间通过元流两过流断面的能量方程

$$\left(z_1 + \frac{p_1}{\gamma} + \frac{u_1^2}{2g}\right)\rho g u_1 dA_1 = \left(z_2 + \frac{p_2}{\gamma} + \frac{u_2^2}{2g}\right)\rho g u_2 dA_2 + h'_w \rho g dQ \quad (4-3)$$

根据总流与元流之间的关系，实际总流的能量应是元流的能量在过流断面上的积分，则单位时间通过总流两过流断面的能量方程为

$$\int_{A_1}\left(z_1 + \frac{p_1}{\gamma}\right)\rho g u_1 dA_1 + \int_{A_1}\frac{u_1^2}{2g}\rho g u_1 dA_1 = \int_{A_2}\left(z_2 + \frac{p_2}{\gamma}\right)\rho g u_2 dA_2 + \int_{A_2}\frac{u_2^2}{2g}\rho g u_2 dA_2 + \int_Q h'_w \rho g dQ \quad (4-4)$$

总流的伯努利方程是能量守恒原理的总流表达式。该方程表明：流体流动时，单位时间流入 1-1 过流断面的机械能等于同时间流出 2-2 过流断面的机械能与该流段的机械能损失之和。实际流体总流伯努利方程表示各项能量之间的转化关系

$$z_1 + \frac{p_1}{\rho g} + \frac{\alpha_1 v_1^2}{2g} = z_2 + \frac{p_2}{\rho g} + \frac{\alpha_2 v_2^2}{2g} + h_{w1-2} \quad (4-5)$$

式中，z_1、z_2——渐变流断面 1、2 上的点相对于基准面的高度，m；

p_1、p_2——渐变流断面 1、2 对应点的压强，Pa，一般用同一种压强基准表示；

v_1、v_2——渐变流断面 1、2 的平均流速，m/s；

α_1、α_2——渐变流断面 1、2 的动能修正系数，常取 $\alpha_1 = \alpha_2 = 1.0$；

h_{w1-2}——渐变流断面 1、2 间的平均水头损失，mH_2O。

二、恒定总流伯努利方程的意义

1. 物理学意义

不可压缩流体恒定总流伯努利方程中的每一项均表示单位重量流体所具有的能量。

z 表示恒定总流过流断面上某点单位重量流体相对某基准面具有的位置势能，称为单位位能。

$\frac{p}{\rho g}$ 表示恒定总流过流断面上压力做功所能提供给单位重量流体的平均压能。

$\frac{\alpha v^2}{2g}$ 表示恒定总流过流断面上各点单位重量流体的平均动能。

$z + \frac{p}{\rho g}$ 表示恒定总流过流断面上各点单位重量流体具有的平均势能。

$z + \frac{p}{\rho g} + \frac{\alpha v^2}{2g}$ 表示恒定总流过流断面上单位重量流体具有的平均机械能。

h_{w1-2} 表示恒定总流 1-2 流段的机械能能量损失。

2. 水力学意义

不可压缩流体恒定总流伯努利方程式中的每一项均表示单位重量流体所具有的水头。

z 表示恒定总流过流断面上流体相对于某一基准面的位置水头。

$\frac{p}{\rho g}$ 表示恒定总流过流断面上流体的压强水头。

$\frac{\alpha v^2}{2g}$ 表示恒定总流过流断面上流体的流速水头。

$z + \frac{p}{\rho g}$ 表示恒定总流过流断面上流体质点的测压管水头。

$z + \frac{p}{\rho g} + \frac{\alpha v^2}{2g}$ 表示恒定总流过流断面上流体的总水头，是测压管水头与流速水头之和，称为总水头。

h_{w1-2} 表示恒定总流 1-2 流段的流体平均单位水头损失。

上述各项都具有高度的量纲，因此可用以基准面为起点的垂直几何线段的长度来表示沿流动方向能量转化的情况，如图 4-4 所示。恒定总流伯努利方程能够说明，流体沿流道流动时，不同断面上位置水头、压力水头和速度水头可以相互转换，但后一个断面上的总水头与前一个断面上的总水头之差等于该两断面间的水头损失。

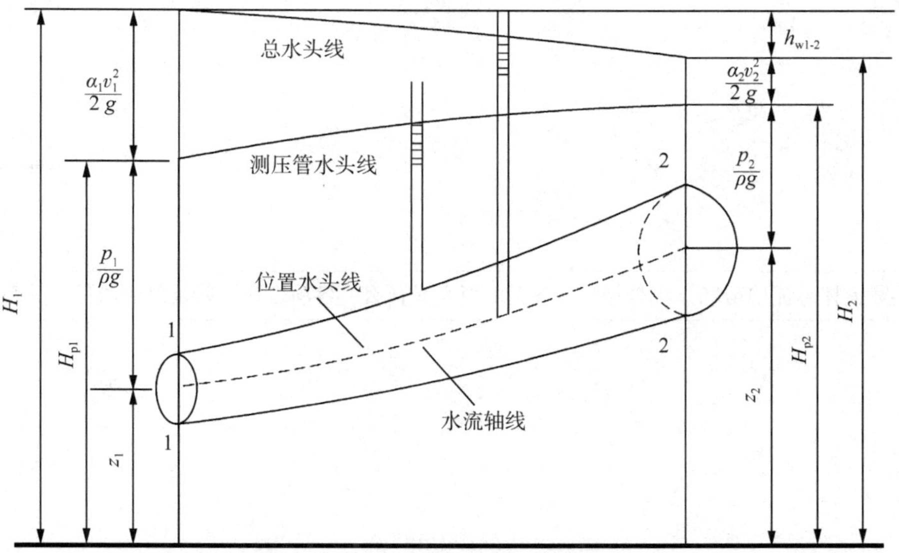

图 4-4　恒定总流伯努利方程意义

对于实际流体，总水头线必定是一条沿程逐渐下降的直线或曲线，因为总水头总是沿程减小的，而测压管水头线可能是下降的直线或曲线，也可能是上升的，甚至可能是一条水平线，具体情况要视总流的几何边界变化情况而定。

恒定总流伯努利方程　小结任务单

1. 总流的伯努利方程是遵循什么原理的表达式？
2. 实际流体总流伯努利方程是什么？各项的意义是什么？各项表达了能量之间的什么关系？
3. 对于实际流体，总水头线是一条什么形态的线？

第三节　恒定总流伯努利方程的应用条件和方法

一、实际流体总流伯努利方程的应用条件

(1)流体运动必须是恒定流；

(2)质量力只有重力；

(3)流体是不可压缩的；

(4)建立伯努利方程选取的断面必须是均匀流或渐变流断面；

(5)两断面间无分流和汇流。

二、总流伯努利方程应用方法

(1)分析流体运动类型,判断是否可以应用总流伯努利方程。

(2)不同的基准面有不同的值,分析各断面的位置水头时,必须选取同一基准面,但基准面的水平高度是任意的。为了避免 z_1 和 z_2 出现负值,一般选取两断面之下或穿过较低断面的形心。如果总流是水平的,则将基准面取在中心线上,$z_1=z_2=0$。对于压力水头,如果以大气压强为零基准时,可用相对压强计算,总流伯努利方程两端必须使用同一种压强基准进行计算。

(3)在解方程时,常需同时使用总流连续性方程式 $v_1A_1 = v_2A_2$,通过已知管道过流断面找出伯努利方程的关系,以便减少一个未知数。伯努利方程中的动能修正系数 α 是由过流断面上的实际流速分布不均匀引起的,流速分布越均匀,α 越接近于1;流速分布越不均匀,α 值越大。实验表明,在紊流管道中 $\alpha=1.05\sim1.10$;在圆管层流运动中 $\alpha=2.0$。在实际工程中,伯努利方程中不同断面上的动能修正系数 α_1 与 α_2 通常认为是相等的,$\alpha_1=\alpha_2=\alpha$ 在紊流计算中取 $\alpha=1$,在层流计算中取 $\alpha=2$。

(4)由于所取过流断面上各点的测压管水头 $\frac{z+p}{\rho g}$ 均相等,可选定两个断面上任意一点列出伯努利方程。通常为了便于计算,在管流中一般取轴心上的点,而在大容器中常将计算点取在自由液面上。

(5)在应用实际流体总流伯努利方程时,关键在于确定水头损失。在本章中或者直接给出,或者按理想流体处理,不予考虑。

【**例题** 4-1】如图 4-5 所示,某水箱底部设置立管恒定出流,已知水深 $H=1.5$ m,管长 $L=2$ m,管径 $d=200$ mm,不考虑能量损失,并取动能修正系数 $\alpha=1.0$,试求:

(1)立管出口处水的流速;(2)离立管出口 1 m 处水的压强。

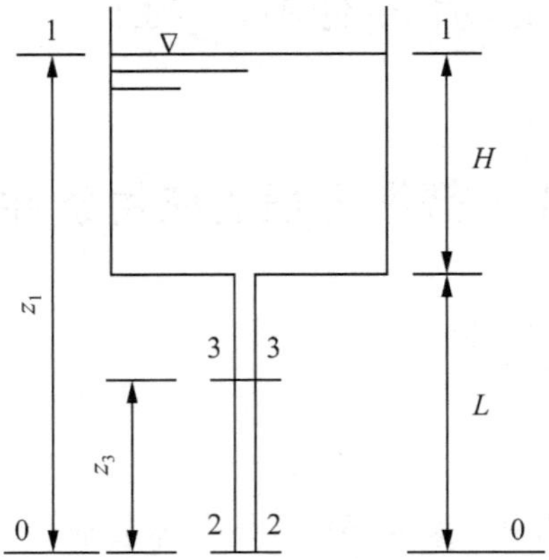

图 4-5　例题 4-1

【解】(1)立管出口处水的流速

本题水流为恒定流,水箱水面和欲求流速的出口断面均为渐变流断面,满足伯努利方程的应用条件。在立管出口处取基准面 0-0,列出水箱水面 1-1 与出口断面 2-2 的伯努利方程

$$z_1+\frac{p_1}{\gamma}+\frac{\alpha_1 v_1{}^2}{2g}=z_2+\frac{p_2}{\gamma}+\frac{\alpha_2 v_2{}^2}{2g}+h_{w1-2},$$

按照断面从左至右逐项分析如下:

断面 1-1 距离基准面垂直高度 $z_1=1.5+2=3.5$ m,

断面 1-1 处与大气相通,按相对压强考虑 $p_1=p_a=0$,

断面 1-1 与 2-2 相比,面积要大得多,因此流速 v_1 比 v_2 小得多,而流速水头 $\frac{a_1 v_1^2}{2g}$ 远小于 $\frac{a_2 v_2^2}{2g}$,可以忽略不计,认为 $\frac{a_1 v_1^2}{2g}=0$,

断面 2-2 与基准面重合,$z_2=0$,

断面 2-2 处与大气相通,取 1-1 断面相同压强基准,$p_2=p_a=0$,不计能量损失,即 $h_{w1-2}=0$,且动能修正系数 $\alpha_1=\alpha_2=1.0$。

把上述已知条件代入方程,可得

$$3.5+0+0=0+0+\frac{\alpha_2 v_2{}^2}{2g}+0,$$

立管出口处水的流速为

$$v_2=\sqrt{3.5\times 2g}=\sqrt{3.5\times 2\times 9.81}=8.29\ \text{m/s}。$$

(2)离立管出口 1 m 处水的压强

基准面 0-0 仍取在立管出口处,2-2 断面也不变,3-3 断面则必须取在离立管出口 1 m 处,以便确定其压强。

断面 3-3 与 2-2 的伯努利方程为

$$z_3 + \frac{p_3}{\gamma} + \frac{\alpha_3 v_3^{\ 2}}{2g} = z_2 + \frac{p_2}{\gamma} + \frac{\alpha_2 v_2^{\ 2}}{2g} + h_{w3-2},$$

$z_3 = 1\ \mathrm{m}$,

$z_2 = 0\ \mathrm{m}$,

$p_2 = p_a = 0$,

$\alpha_3 = \alpha_2 = 1.0$,

$h_{w3-2} = 0$,

代入上式,得

$$1 + \frac{p_3}{\gamma} + \frac{1 \times v_3^{\ 2}}{2g} = 0 + 0 + \frac{1 \times v_2^{\ 2}}{2g} + h_{w3-2},$$

已知立管管径不变,则流速水头相等,即 $\frac{v_3^{\ 2}}{2g} = \frac{v_2^{\ 2}}{2g}$,

所以上式变为 $1 + \frac{p_3}{\gamma} = 0$,

因此离立管出口 1 m 处相对压强为

$p_3 = -\gamma = -1 \times 9810 = -9810\ \mathrm{N/m^2} = -9.81\ \mathrm{kPa}$。

恒定总流伯努利方程的应用条件和方法　小结任务单

1. 实际流体总流伯努利方程应用时应满足什么条件？
2. 如何应用总流伯努利方程？
3. 在实际工程中，伯努利方程中不同断面上的动能修正系数 α 应如何确定？以面积较大的水面作为计算断面时，如何确定流速水头？

第四节　有能量输入或输出的伯努利方程

恒定总流伯努利方程只适用于两断面间没有能量输入或输出的流体运动。恒定总流伯努利方程是在两过流断面间除水头损失之外,无能量输入或输出的条件下导出的。如果在两过流断面间安装水泵(或风机)输入能量,或安装水轮机(或汽轮机)输出能量,这时应采用有能量输入或输出的伯努利方程。

根据能量守恒原理,讨论水泵输入能量时伯努利方程的应用。设在管道两过流断面间装有水泵,由于水泵对液体做功,即传给液体能量而产生液体总流。假定水泵传给单位质量液体的能量为 ΔH,则在出口断面 2-2 上液体的能量比入口断面 1-1 上的能量增加了 ΔH,称为管路所需的水泵扬程。可将输入的单位能量项($+\Delta H$)或输出的单位能量项($-\Delta H$)加在方程中,以维持能量的平衡。如果再考虑两断面间水的压力能量损失 h_w,则恒定总流伯努利方程应写为

$$z_1 + \frac{p_1}{\gamma} + \frac{\alpha_1 v_1{}^2}{2g} + \Delta H = z_2 + \frac{p_2}{\gamma} + \frac{\alpha_2 v_2{}^2}{2g} + h_{w1-2} \tag{4-6}$$

式中,h_w——两断面间的能量损失。

同理,如有能量输出,在管道两过流断面间装有水轮机,则恒定总流伯努利方程应写为

$$z_1 + \frac{p_1}{\gamma} + \frac{\alpha_1 v_1{}^2}{2g} - \Delta H = z_2 + \frac{p_2}{\gamma} + \frac{\alpha_2 v_2{}^2}{2g} + h_{w1-2} \tag{4-7}$$

【例题 4-2】为了测定水泵的功率,在水泵的压水管和吸水管上分别安装压力表与真空表,如图 4-6 所示。当流量 $Q=60$ L/s 时,压力表读数 $p_B=0.3$ MPa,真空表读数 $h_v=220$ mmHg,已知两表位置高差 $\Delta z=0.6$ m,吸水管直径 $d_A=200$ mm,压水管直径 $d_B=150$ mm,不计损失,且 $\alpha=1.0$,试求水泵提供的水头 ΔH。

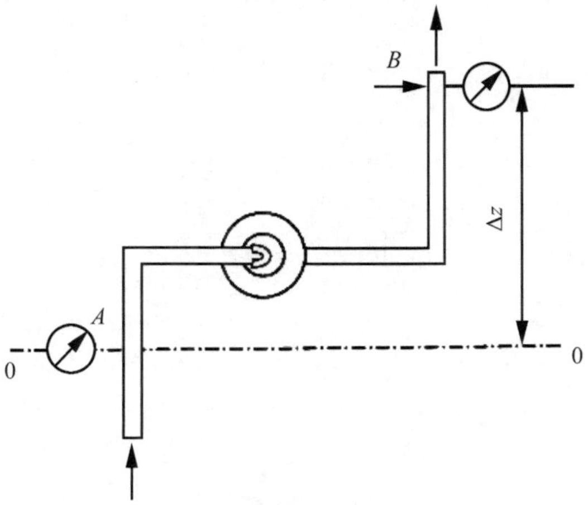

图 4-6　例题 4-2

【解】取吸水管安装真空表的水平面 0-0 为基准面，以安装真空表处的断面为 A-A 断面，以安装压力表处的断面为 B-B 断面，列 A-A、B-B 断面伯努利方程

$$z_A+\frac{p_A}{\gamma}+\frac{\alpha_A v_A{}^2}{2g}+\Delta H=z_B+\frac{p_B}{\gamma}+\frac{\alpha_B v_B{}^2}{2g}+h_{wA-B}\ ,$$

根据题意分析如下：

$$\frac{p_A}{\gamma}=-\frac{\gamma_{Hg}}{\gamma_{H_2O}}h_v=-13.6\times0.22=-3\ \mathrm{m}\ ,$$

$$\frac{p_B}{\gamma}=\frac{0.3\times10^6}{9810}=30.58\ \mathrm{m}\ ,$$

$$\alpha_A=\alpha_B=1.0,$$

$$h_{wA-B}=0,$$

代入方程，可得

$$V_A=\frac{Q}{A}=\frac{4Q}{\pi d_A{}^2}=\frac{4\times0.06}{3.14\times0.2^2}=1.91\ \mathrm{m/s}\ 。$$

根据连续性方程

$$V_B=\left(\frac{d_A}{d_B}\right)^2V_A=3.38\ \mathrm{m/s}\ ,$$

根据 A-A、B-B 断面伯努利方程，则水泵提供的水头为

$$\Delta H=(z_B-z_A)+\left(\frac{p_B}{\gamma}-\frac{p_A}{\gamma}\right)+\left(\frac{\alpha_B v_B{}^2-\alpha_A v_A{}^2}{2g}\right)+h_{wA-B}=34.58\ \mathrm{m}\ 。$$

有能量输入或输出的伯努利方程 小结任务单

1. 如果在两过流断面间安装水泵(或风机)输入能量,应用伯努利方程的哪种形式?
2. 水泵传递给单位质量液体的能量 ΔH 还可以称为什么?
3. 为了维持能量的平衡,水轮机(或汽轮机)输出单位能量项 $-\Delta H$ 应该加在伯努利方程的什么位置?

第五节　两断面间有合流或分流的伯努利方程

恒定总流的伯努利方程是在两过流断面间无合流和分流的条件下导出的，而实际的供热、空调管道沿程多为合流和分流的复杂管路，所以总流伯努利方程还需要考虑合流和分流的表达式。

一、两断面间分流

对于两断面间有分流的流动，如图 4-7 所示，设 1-1 断面的流体分为两股（以虚线划分），分别通过 2-2、3-3 断面。

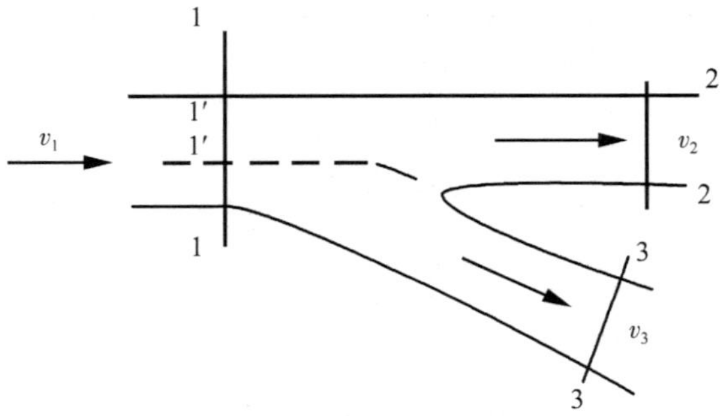

图 4-7　沿程分流情况

对 1′-1′（1-1 断面中的一部分）和 2-2 断面列伯努利方程，其间无分流，则有

$$z_1' + \frac{p_1'}{\gamma} + \frac{\alpha_1' {v_1'}^2}{2g} = z_2 + \frac{p_2}{\gamma} + \frac{\alpha_2 v_2^2}{2g} + h_{w1'-2}$$

因所取断面为渐变流断面，断面上各点的总势能相等，断面上流速分布也较均匀，则有

$$z_1' + \frac{p_1'}{\gamma} + \frac{\alpha_1' {v_1'}^2}{2g} = z_1 + \frac{p_1}{\gamma} + \frac{\alpha_1 v_1^2}{2g}$$

所以下面的式子也可认为是成立的

$$z_1 + \frac{p_1}{\gamma} + \frac{\alpha_1 v_1^2}{2g} = z_2 + \frac{p_2}{\gamma} + \frac{\alpha_2 v_2^2}{2g} + h_{w1-2} \tag{4-8}$$

$$z_1 + \frac{p_1}{\gamma} + \frac{\alpha_1 v_1^2}{2g} = z_3 + \frac{p_3}{\gamma} + \frac{\alpha_3 v_3^2}{2g} + h_{w1-3} \tag{4-9}$$

二、两断面间合流

对于两过流断面间有合流的情况，如图 4-8 所示，做类似分析，得

$$z_1 + \frac{p_1}{\gamma} + \frac{\alpha_1 v_1{}^2}{2g} = z_3 + \frac{p_3}{\gamma} + \frac{\alpha_3 v_3{}^2}{2g} + h_{w1-3} \tag{4-10}$$

$$z_2 + \frac{p_2}{\gamma} + \frac{\alpha_2 v_2{}^2}{2g} = z_3 + \frac{p_3}{\gamma} + \frac{\alpha_3 v_3{}^2}{2g} + h_{w2-3} \tag{4-11}$$

如果建立伯努利方程的两断面之间有分流或合流，伯努利方程建立的是两断面间单位能量的关系。图 4-7 中，流体流经断面 2 时产生的单位能量损失为 h_{w1-2}，而流到断面 3 时产生的单位能量损失为 h_{w1-3}。图 4-8 中，流体流经断面 1 时产生的单位能量损失为 h_{w1-3}，而流到断面 2 时产生的单位能量损失为 h_{w2-3}。

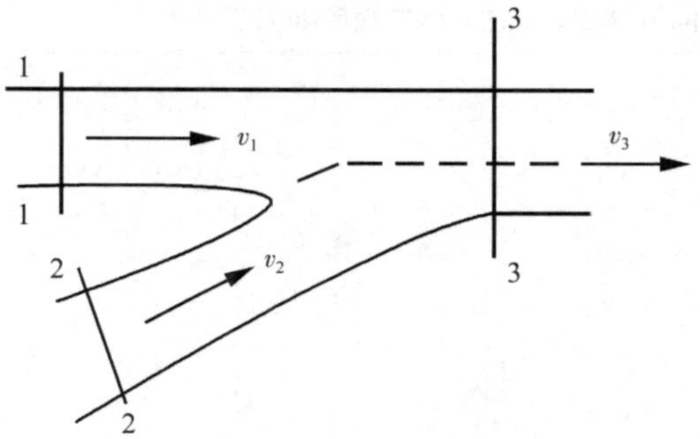

图 4-8　沿程合流情况

两断面间有合流或分流的伯努利方程　小结任务单

1. 对于渐变流断面，过流断面上各点的总势能之间有什么关系？
2. 对于两断面间有分流的流体流动，伯努利方程应如何表达？
3. 对于两断面间有合流的流体流动，伯努利方程应如何表达？

第六节 恒定气体总流的伯努利方程

恒定总流的伯努利方程对于流速较低($v<68$ m/s)、压强变化较小的系统,如工业通风管道、空调管道和烟道等可适用,这些系统的气流运动过程中密度变化不大,可按不可压缩流体进行分析。

设恒定气流如图 4-9 所示,气流的密度为 ρ,外部空气的密度为 ρ_a,过流断面上计算点的绝对压强为 p_{1abs} 和 p_{2abs}。列 1-1 和 2-2 断面的伯努利方程

$$z_1+\frac{p_{1abs}}{\gamma}+\frac{\alpha_1 v_1^{\ 2}}{2g}=z_2+\frac{p_{2abs}}{\gamma}+\frac{\alpha_2 v_2^{\ 2}}{2g}+h_{w1-2}$$

当上式用于气体流动时,由于水头概念没有像液体流动那样明确具体,通常把方程各项同时乘以 γ,使其具有压强的因次,则

$$\gamma z_1+p_{1abs}+\frac{\rho v_1^{\ 2}}{2}=\gamma z_2+p_{2abs}+\frac{\rho v_2^{\ 2}}{2}+p_{w1-2} \tag{4-12}$$

式中,p_w——两断面间的压强损失,$p_w=\gamma h_w$。同时方程中的两项压强均用绝对压强表示,但在工程计算中关心的是相对压强而不是绝对压强。以管道流动为例,只有相对压强才能表明内部气流和外部大气之间的流动趋势。相对压强为正时,管内压强将大于管外压强,此时在管壁处开口或打开放气阀,气流将从阀孔排出,排出气流的速度随相对压强的提高而提高。相对压强为负时,管内压强将小于管外压强,此时气流将从阀孔吸入,吸入气流的速度随真空压强的提高而提高。可见相对压强的正负决定了吸入与排出,相对压强的大小决定了气流流速。另外工程流体水力计算以相对压强为基准较为便捷。

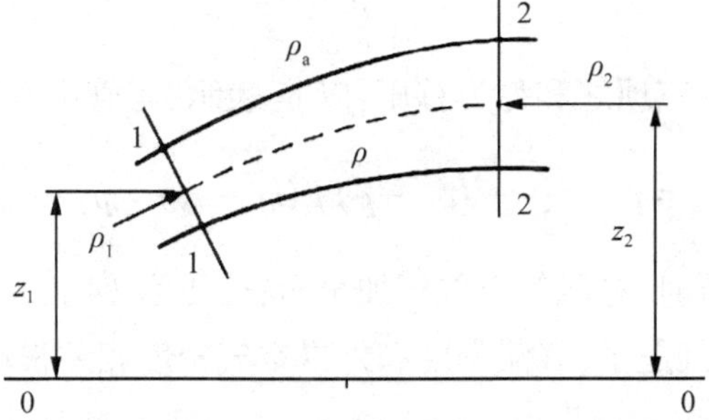

图 4-9 恒定气流

在气体流动中,由于气流密度 ρ 与外部大气密度 ρ_a 具有相同的数量级,在用相对压强进行计算时,特别是在两过流断面高差较大或 $\rho\neq\rho_a$ 的情况下,必须考虑外部大气压在不同高度的差值。如图 4-9 所示,高程 z_1、z_2 处的大气压强(以绝对压强计)分别为 p_{a1} 和 p_{a2}。

假设大气压强沿高程的分布规律按静压强分布，则

$$p_{a1}=p_{a2}+\rho_a g(z_2-z_1)$$

将高程 z_1、z_2 处的压强分别用相对压强 p_1、p_2 表示，即

$$p_{1abs}=p_1+p_{a1}$$

$$p_2=p_2+p_2=p_2+p_1-\rho g(z_2-z_1)$$

将上式代入式(4-12)，得到用相对压强表示的恒定气体总流的伯努利方程

$$p_1+\frac{\rho v_1^2}{2}+(\rho_a-\rho)g(z_2-z_1)=p_2+\frac{\rho v_2^2}{2}+p_{w1-2} \tag{4-13}$$

工程上习惯将气体的相对压强 p_1、p_2 称为静压，将 $\frac{\rho v_1^2}{2}$、$\frac{\rho v_2^2}{2}$ 称为动压，其反映了断面流速无能量损失趋近于零所转化的压强值大小。

因为$(\rho_a-\rho)g$ 为单位体积气体所承受的有效浮力，(z_2-z_1)为气体沿浮力方向升高时损失的位能，所以$(\rho_a-\rho)g(z_2-z_1)$表示以过流断面 2-2 为基准度量的过流断面 1-1 上单位体积气体所具有的位能的平均值，称为位压，位压体现了浮力对流动所起的作用。当$(\rho_a-\rho)g>0$ 时，表征有效浮力的作用，体现为一种上浮推动能量；当$(\rho_a-\rho)g<0$ 时，表征有效重力的作用，体现为一种下降推动能量；当(z_2-z_1)为正或为负时，分别表征气体向上或向下流动；而位压是两者的乘积，因而可正可负。应当注意，气流在有效浮力作用下，位置升高位压减少，位置降低位压增大。这与气流在有效重力作用下，位置升高位压增大，位置降低位压减少的规律正好相反。

静压与位压之和称为势压，以 p_s 表示，势压与管中水流的测压管水头相对应

$$p_s=p+(\rho_a-\rho)g(z_2-z_1)$$

静压与动压之和称为全压，以 p_q 表示

$$p_q=p+\frac{\rho v^2}{2}$$

静压、动压与位压三项之和称为总压，以 p_z 表示，与管中水流的总水头线相对应

$$p_z=p+\frac{\rho v^2}{2}+(\rho_a-\rho)g(z_2-z_1)=p_s+\frac{\rho v^2}{2}$$

由上式可知，存在位压时，总压等于位压加全压；位压为零时，总压等于全压。

在许多气体流动问题中，气流密度和外界空气密度相差很小$(\rho_a\approx\rho)$时，或者两过流断面的高差很小$(z_2\approx z_1)$时，位压$(\rho_a-\rho)g(z_2-z_1)$可忽略不计，所以气流伯努利方程可以化简为

$$p_1+\frac{\rho v_1^2}{2}=p_2+\frac{\rho v_2^2}{2}+p_{w1-2} \tag{4-14}$$

【例题 4-3】如图 4-10 所示，锅炉省煤器的进口断面测得负压 $\Delta h_1=10.5\ \text{mmH}_2\text{O}$，出口断面负压 $\Delta h_2=20\ \text{mmH}_2\text{O}$，两断面高差 $H=5$ m，烟气平均密度$\rho=$

0.6 kg/m^3，炉外空气密度 $\rho_a = 1.2\ kg/m^3$，求烟气流过锅炉省煤器的压强损失。

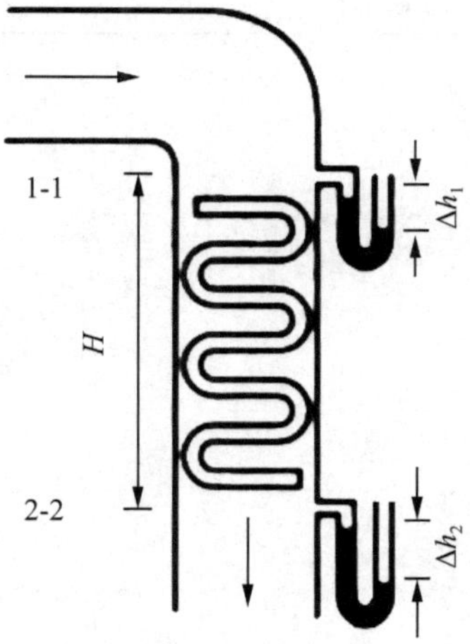

图 4-10　例题 4-3

【解】列烟气进口前空气断面 1-1 和出口断面 2-2 的伯努利方程

$$p_1 + \frac{\rho v_1^{\ 2}}{2} + (\rho_a - \rho)g(z_2 - z_1) = p_2 + \frac{\rho v_2^{\ 2}}{2} + p_{w1-2},$$

$p_2 = 20\ mmH_2O, p_1 = 10.5\ mmH_2O$,

$v_1 = v_2, z_1 = 5\ m, z_2 = 0\ m$,

$\rho = 0.6\ kg/m^3, \rho_a = 1.2\ kg/m^3$,

代入方程，得

$$-1000 \times 9.8 \times 0.0105 + (1.2 - 0.6) \times 9.8(0 - 5) = -1000 \times 9.8 \times 0.02 + p_{w1-2},$$

$p_{w1-2} = 63.7\ Pa$。

恒定气体总流的伯努利方程　小结任务单

1. 恒定气体总流的伯努利方程如何表示？
2. 请描述静压、动压、位压、势压、全压和总压的概念，总压与哪条水头线是一致的？
3. 当气流密度和外界空气密度相差很小时（如通风、空调等常温管道），恒定气体总流的伯努利方程应如何简化？

第七节　恒定总流的动量方程

流体总流的动量方程是动量守恒定理在流体力学中的具体呈现。如在管道内安置一个阀门,求水流对阀门的冲击力,由于阀门的截面不是渐变流段,因此不能使用伯努利方程通过求解阀门表面的压强分布求出合力,但我们可以不求压强分布,换作求解整体受到的作用力,也就是使用流体总流的动量方程进行分析求解。恒定总流的动量方程是讨论流体运动过程中,流体的动量变化和作用力之间的关系。

一、恒定总流的动量方程

动量定理:质点动量的增量等于作用于该质点上外力的冲量。

$$\sum F\mathrm{d}t = \mathrm{d}\left(\sum mu\right)$$

由动量定理可以知,左边作用于物体所有外力的合力 $\sum F$ 与作用时间 $\mathrm{d}t$ 的乘积称为冲量,右边物体质量 m 与速度 u 的乘积称为物体动量的增量。

如图 4-11 所示,假设流体是恒定不可压缩的理想流体,在流场中,任取一个区域 1-2 为控制体,其边界构成控制面。1-2 区内的流体经过 $\mathrm{d}t$ 时间后,流动至图中 1′-2′区位置。所以,$\mathrm{d}t$ 时间后,流体动量的增量为Ⅱ区动量和Ⅰ区动量之差。

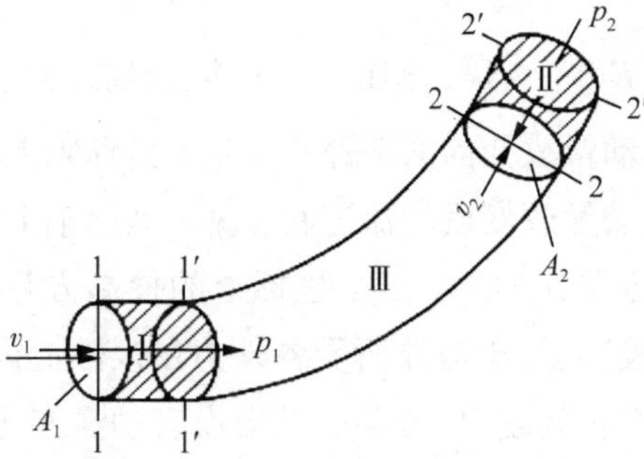

图 4-11　恒定总流的动量方程

在恒定总流中,任取渐变流过流断面 1-1、2-2 面,面积分别为 A_1、A_2,以过流断面及总流的侧表面所围空间为控制体,如图 4-11 所示,两断面间无分流或合流。经 $\mathrm{d}t$ 时间,控制体内的流体由 1-2 运动到 1′-2′位置。应用平均流速的概念,则在 $\mathrm{d}t$ 时间内流体动量的增量为

$$\mathrm{d}(m\vec{v}) = \rho_2 v_2 A_2 \mathrm{d}t\vec{v}_2 - \rho_1 v_1 A_1 \mathrm{d}t\vec{v}_1$$

设 F 为 $\mathrm{d}t$ 时间内作用在所取流段上所有外力(包括质量力和表面力)的合力矢量。根据动量定理

$$\sum \vec{F}\mathrm{d}t = \mathrm{d}(m\vec{v}) = \rho_2 Q_2 \mathrm{d}t\vec{v}_2 - \rho_1 Q_1 \mathrm{d}t\vec{v}_1$$

$$\sum \vec{F} = \rho_2 Q_2 \vec{v}_2 - \rho_1 Q_1 \vec{v}_1$$

由于流体为不可压缩流体 $\rho_1 = \rho_2 = \rho$，整理方程可得不可压缩均质实际流体恒定流的动量方程

$$\vec{F} = \rho Q_2 \vec{v}_2 - \rho Q_1 \vec{v}_1 \tag{4-16}$$

动量修正系数 α 的大小，取决于总流过流断面上流速分布的不均匀程度，流速分布愈不均匀，α 值愈大。一般情况下工业管道内的流体流动，$\alpha = 1.00 \sim 1.05$，工程上常近似地取 $\alpha = 1.0$。经修正的动量增量为

$$\Delta\vec{F} = \alpha_2 m_2 \vec{v}_2 - \alpha_1 m_1 \vec{v}_1 \tag{4-17}$$

根据连续性方程整理上式，可得恒定流不可压缩均质实际流体总流的动量方程

$$\sum \vec{F} = \rho Q(\alpha_2 \vec{v}_2 - \alpha_1 \vec{v}_1) \tag{4-18}$$

恒定流不可压缩均质实际流体总流的动量方程，表达的是单位时间内流体的动量增量等于作用于流体上所有外力的总和。在直角坐标系中，将力和速度向 x、y、z 三个坐标轴投影，可得轴向的标量方程，即

$$\begin{cases} \sum F_x = \rho Q(\alpha_2 v_{2x} - \beta_1 v_{1x}) \\ \sum F_y = \rho Q(\alpha_2 v_{2y} - \beta_1 v_{1y}) \\ \sum F_z = \rho Q(\alpha_2 v_{2z} - \beta_1 v_{1z}) \end{cases} \tag{4-19}$$

式中，$\sum F_x$、$\sum F_y$、$\sum F_z$——各外力在 x、y、z 轴上投影的代数和；

v_{1x}、v_{1y}、v_{1z}——流体动量改变前的流速在 x、y、z 坐标轴上的投影；

v_{2x}、v_{2y}、v_{2z}——流体动量改变后的流速在 x、y、z 坐标轴上的投影。

该方程即为恒定流动量方程在 x、y、z 三个坐标上的投影方程，它表明单位时间内，流体动量增量在某轴上的投影，等于流体所受各外力在该轴上投影的代数和。在应用动量方程分析和计算有关工程问题时，若某一轴向没有动量变化，则该轴向可不作分析。

二、应用恒定总流动量方程解题的条件

应用恒定总流动量方程解题的条件首先必须是恒定流，其次过流断面要为渐变流断面，而且流体为不可压缩流体。

在求解实际工程问题时的解题步骤首先需要取控制体，然后分析外力，求解出动量增量，最后根据动量方程解出未知力。

【例题 4-4】如图 4-12 所示，60° 弯管被水平设置在固定支座上，直径 $d_1 = 200$ mm，$d_2 = 150$ mm。已知转弯前断面的相对压强 $p_1 = 18$ kPa，输水流量 $Q =$

0.1 m^3/s,不计水头损失,试求水流对弯管的作用力大小。

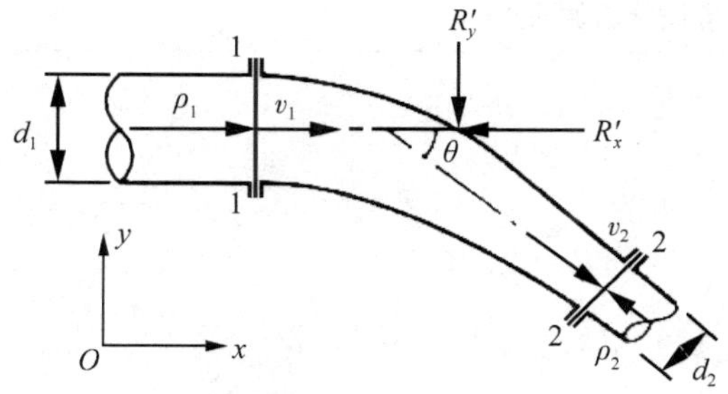

图 4-12 例题 4-4

【**解**】首先确定控制体,分别在 d_1、d_2 管段处取过流断面 1-1、2-2 截面,以两断面和断面间管壁为控制面,控制面围成的空间为控制体。选直角坐标系 xOy ,令 Ox 轴与 v_1 方向一致。

通过分析可知,作用在控制体内液体上的力主要包括:过流断面上的动水压强 P_1、P_2;重力 G 在 xOy 面无分量;弯管对水流的作用力 R',此力在要列的方程中是待求量,假定分量 Rx'、Ry'的方向如图所示,列总流动量方程的投影式

$$\begin{cases} P_1 - P_2\cos60° - Rx' = \rho Q(\alpha_2 v_2\cos60° - \alpha_1 v_1) \\ P_2\sin60° - Ry' = \rho Q(-\alpha_2 v_2\sin60°) \\ P_1 = p_1 A_1 = 18 \times \dfrac{\pi}{4} \times 0.2^2 = 0.565\ \text{kN}, \end{cases}$$

$$v_1 = \frac{4Q}{\pi {d_1}^2} = \frac{4 \times 0.1}{3.14 \times 0.2^2} = 3.185\ \text{m/s},$$

$$v_2 = \frac{4Q}{\pi {d_2}^2} = \frac{4 \times 0.1}{3.14 \times 0.15^2} = 5.662\ \text{m/s}。$$

列 1-1、2-2 断面的伯努利方程,忽略水头损失,

将已知量代入方程,得

$$\begin{cases} \dfrac{p_1}{\gamma} + \dfrac{\alpha_1 {v_1}^2}{2g} = \dfrac{p_2}{\gamma} + \dfrac{\alpha_2 {v_2}^2}{2g} \\ p_2 = 7.043\ \text{kN/m}^2 \\ P_2 = p_2 A_2 = 0.124\ \text{kN}, \end{cases}$$

将上述各量代入总流动量方程,解得

$Rx' = 0.538$ kN,$Ry' = 0.597$ kN,

故水流对弯管的作用力与弯管对水流的作用力大小相等方向相反,即 $Rx' = 0.538$ kN,方向沿 Ox 方向;$Ry' = 0.597$ kN ,方向沿 Oy 方向。

恒定总流的动量方程　小结任务单

1. 流体总流的动量方程遵循什么原理？
2. 动量定理是什么？
3. 恒定流不可压缩均质实际流体总流的动量方程是什么？表达的是什么？应用条件是什么？

第八节　伯努利方程在工程上的应用

一、毕托管测流速

在流场中,流体受到迎面物体的阻碍被迫向两边(或四周)分流时(图4-13),在物体表面上受水流顶冲的点A处,水流速度等于零,此点称为驻点。驻点上,流体的动能全部转化为压力。在实际工程中,有时需要测量流体中某点的流速,目前广泛采用一种称为毕托管的仪器,该仪器就应用了驻点的理论。

毕托管是一根很细的弯管,其前端和侧面均开有小孔,当需要测量流体中某点流速时,将弯管前端置于该点并正对流体方向,前端小孔和侧面小孔分别由两个不同通道接入两根测压管,测量时只需读出这两根测压管的水面差,即可求得所测点的流速。

如图4-13(a)所示,设先将一根弯管的前端封闭,弯管侧面开多个小孔,将弯管正对水流方向,将侧面开孔处置于欲测点A的位置。此时弯管(相当于测压管)中水面上升到某一高度h_1,h_1代表A点的动压力水头,即$h_1=\dfrac{p_A}{\rho g}$,设A点水流速度为u,若以通过A点的水平面为基准面,则A点处的水流总水头为$H=h1+\dfrac{u^2}{2g}$。

另一根同样的弯管,如图4-13(b)所示,侧面不开孔,在其前端开一个小孔,将弯管前端置于A点并正对水流方向,弯管放入后,由于A点水流受弯管的阻挡,速度为零,动能全部转化为压力能(此点即为驻点),使测压管中水面上升至高度h_2,h_2代表A点处水流的总水头,即$H=h_2$。上述两种不同弯管所得的A点总水头应相等,故

$$h_1+\frac{u^2}{2g}=h_2 \tag{4-20}$$

由此可求得A点的流速为

$$u=\sqrt{2g(h_2-h_1)}=\sqrt{2g\Delta h} \tag{4-21}$$

而现实中的毕托管并不需要用两根弯管进行两次测量,而是将两根管子纳入一根弯管当中,只是将前端的小孔和侧面的小孔由不同的通道接在两根测压管上。由于两个小孔的位置不同,因而测得的不是同一点上的水头,考虑毕托管放入水流中所产生的扰动的影响,需要对式(4-21)加以修正,一般乘以修正系数μ,即

$$u=\mu\sqrt{2g\Delta h} \tag{4-22}$$

式中,μ——毕托管的校正系数,一般$\mu=0.98\sim1.00$。

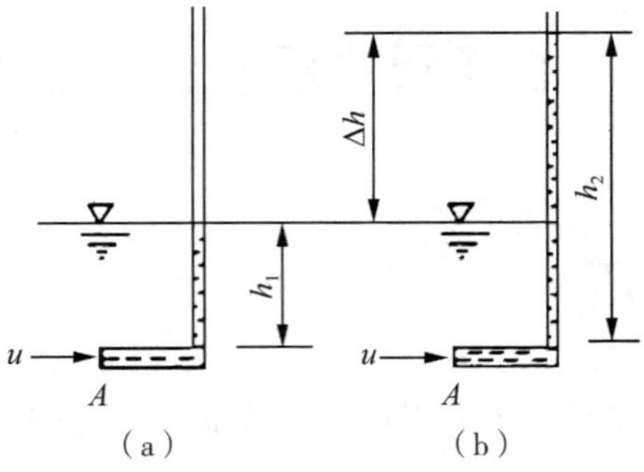

图 4-13　毕托管测流速的原理

二、文丘里流量计

文丘里流量计由一段渐缩管、一段喉管和一段扩压管组成，如图 4-14 所示。将其装在管道上，由于喉段断面较小、流速较大、压力较低，因此 1-1 断面和 2-2 断面处的测压管呈现一个液柱差，根据该液柱差，即可求得管道内流体的流量。以通过管轴线的水平面作为基准面，忽略流体的黏滞性，在 1-1、2-2 两断面上列伯努利方程

$$\frac{p_1}{\rho g}+\frac{u_1^2}{2g}=\frac{p_2}{\rho g}+\frac{u_2^2}{2g}$$

移项后

$$\frac{u_2^2}{2g}-\frac{u_1^2}{2g}=\frac{p_1-p_2}{\rho g}=\Delta h$$

由连续性方程 $\frac{u_1}{u_2}=\frac{A_2}{A_1}=\frac{d_2^2}{d_1^2}$，$u_2^2=u_1^2\left(\frac{d_1}{d_2}\right)^4$，将其代入上式，得

$$\Delta h=\frac{u_1^2}{2g}\left[\left(\frac{d_1}{d_1}\right)^4-1\right]$$

$$u_1=\sqrt{\frac{2g\Delta h}{\left(\frac{d_1}{d_2}\right)^4-1}}$$

因此

$$q_v=u_1A_1=\frac{\pi d_1^2}{4}\sqrt{\frac{2g\Delta h}{\left(\frac{d_1}{d_2}\right)^4-1}}$$

对于一个既定的流量计，$\frac{\pi d_1^2}{4}\sqrt{\frac{2g}{\left(\frac{d_1}{d_2}\right)^4-1}}$ 是一个常数，为简单起见，以 K 代替

之,则

$$q_v = K\sqrt{\Delta h}$$

由于在推导过程中,没有考虑流体的黏滞性,因此通过上式计算出的流量较实际流量要大。为此,用一个流量修正系数 φ 修正,即

$$q_v = \varphi K\sqrt{\Delta h}$$

式中,q_v ——实际流量,m^3/s;

K——流量计仪器常数, $m^{2.5}/s$;

φ ——流量修正系数,该值通过实验确定,一般在 0.95~0.98 之间;

Δh——1-1 和 2-2 两断面间的液柱差,m。

文丘里流量计中的测压管也可根据需要换成 U 形压差计。这时,应先将 1-1、2-2 两断面间的压差折算成被测液体的液柱高度差,再按上式计算流量。

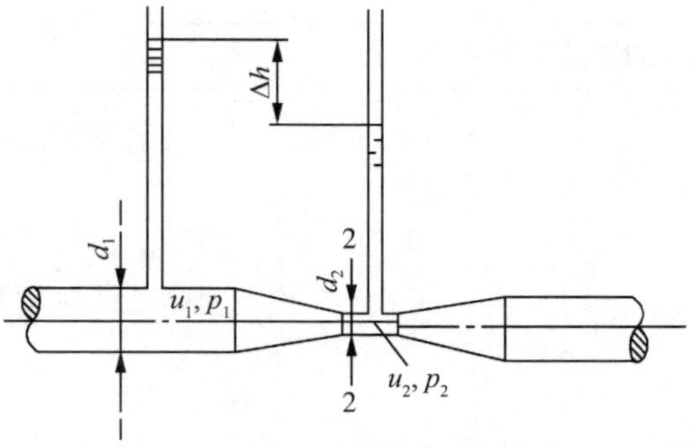

图 4-14　文丘里流量计的原理

伯努利方程在工程上的应用　小结任务单

1. 毕托管如何测量流速？毕托管的原理是什么？
2. 文丘里流量计测量流量的原理是什么？
3. 文丘里流量计的流量修正系数 φ 一般取值多少？

流体动力学基础　作业任务单

姓名		学号		班级	

作业题目：

1. 实际总水头线与理想总水头线有何不同？

2. 如图所示，测量风机流量用的集流管装置，若风管直径 $d=12$ cm，空气密度 $\rho=1.2$ kg/m^3，水柱吸上高度为 $h_0=12$ cm，不计损失，求空气流量。

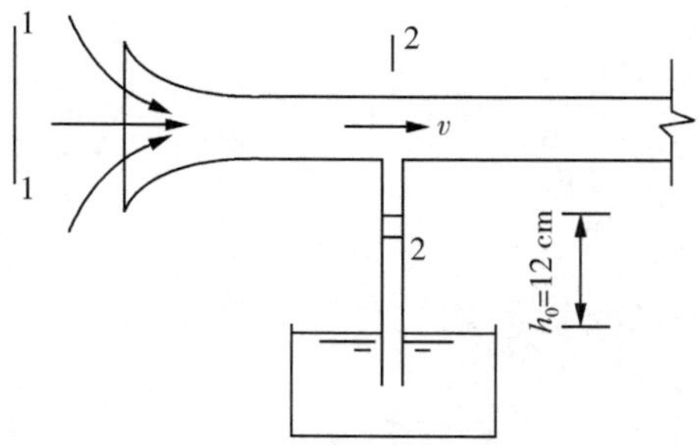

2 题图

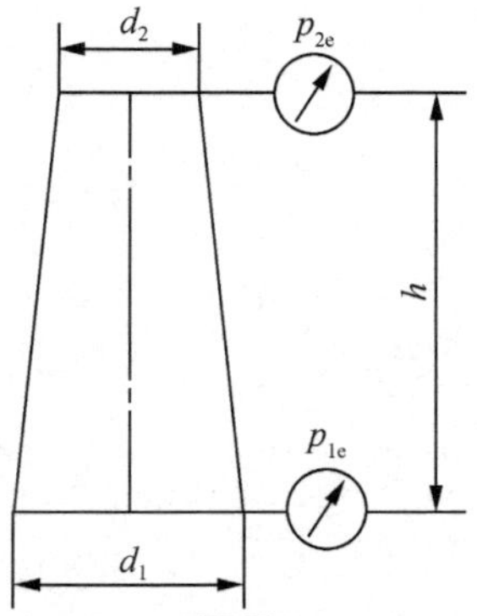

3 题图

3. 如图所示，某渐缩管路，水流方向为垂直向上，渐缩管大管径处 $d_1=30$ cm，小管径处 $d_2=20$ cm，表压 $p_{1e}=19.6$ N/cm，$p_{2e}=9.81$ N/cm^2，$h=2$ m，不计摩擦损失，试求流量 Q。

4. 用直径 $d=180$ mm 的管道从水箱中引水，如图所示。如水箱中的水面恒定，水面高出管道出口中心的高度 $H=4$ m，假设管道的损失沿管长均匀发生，$h_w=3\dfrac{v^2}{2g}$，试求通过管道出口的流速 v 和流量 Q。

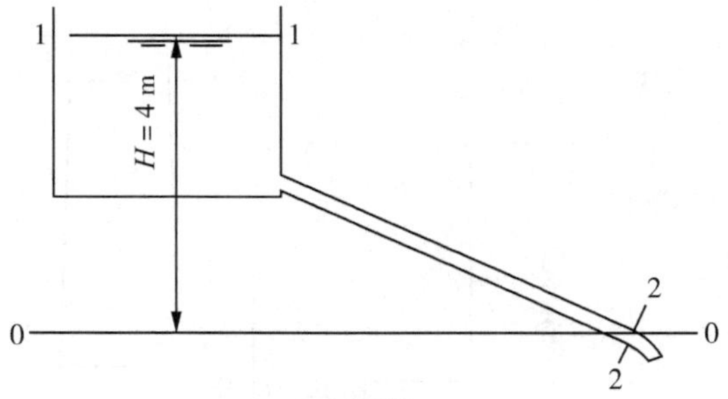

4 题图

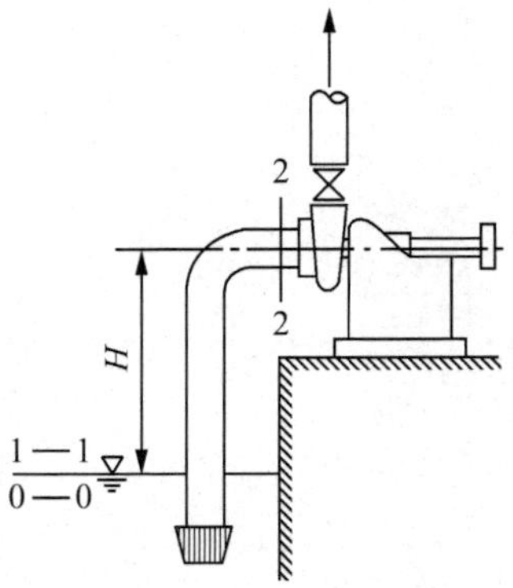

5 题图

5. 如图所示，用离心泵从水源水池抽水，已知抽水量 $Q=5.56$ L/s，泵的安装高度 $H=5$ m，吸水管直径 $d=100$ mm，吸水管的水头损失 $h_w=0.25$ mH_2O，试求水泵进口 2-2 断面的真空值。

作答区(可自行加页):

小组合作情境探究:

某锅炉系统,空气由锅炉 a 口流入,燃烧后的高温烟气由烟囱 b 口排出,如图所示。已知烟气重度 $\gamma = 5.89\ \mathrm{N/m^3}$,空气的重度 $\gamma_a = 11.77\ \mathrm{N/m^3}$,烟气进出口间总损失为 25 Pa,试讨论并求出烟囱出口 b 处的气体流速。

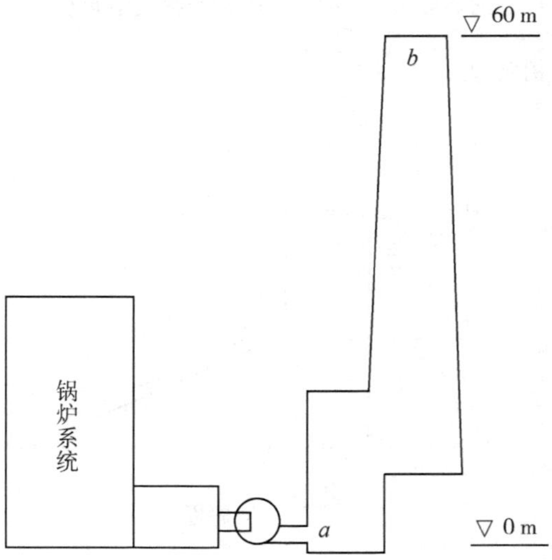

第五章　流动阻力与水头损失

学习目标	**知识目标：** 掌握流体流动的两种基本形态及其判定方法；理解雷诺数、临界雷诺数的定义及物理意义；了解产生层流和紊流的原因；掌握管内层流状态下流速、流动阻力的分布规律及水头损失计算的方法；了解管内紊流时流速分布及流动阻力的特点；掌握流动阻力和水头损失产生的原因及减少流动阻力和水头损失的方法。 **素养目标：** 能够从不同层次认知流体的流动阻力特点，并从宏观与微观的角度来分析和解决实际问题；具备分析管流流动阻力及进行简单管路水力计算的初步能力。
学习重点	1. 流体流动的两种基本形态及其判定方法； 2. 管流状态下流速、流动阻力的分布规律及水头损失计算的方法。
学习难点	1. 紊流时流速分布及流动阻力的特点； 2. 减少流动阻力和水头损失。
建议学时	6 学时

流体运动极其复杂，实际流体运动时相邻流层之间产生的切应力具有黏滞性，流体流层间会出现相互阻滞流动的现象，称为流动阻力。流体流动过程中，克服阻力会消耗一部分机械能并不可逆地转化为热能，这就产生了能量损失，流体本身的物理性质和流动边界条件不同时，流体的运动状态也千差万别，产生能量损失的规律也不尽相同。在供热通风与空调工程中，要通过管道输送流体，用能量方程解决流体的能量转换规律时，必须计算出流体流动的能量损失，以便确定水泵、风机等流体机械应提供的能量。

因此，本章以恒定流为研究对象，介绍实际流体的流动形态、各种边界条件和不同流动形态下流体作恒定流动时流动阻力与水头损失的规律和计算方法。

第一节　流动阻力与水头损失的分类

流体流经直管段和各种管件时受到的阻力是不相同的，产生的能量损失也不同，即能量损失是能量方程能否用来解决实际工程问题的关键因素。

在实际流体恒定总流伯努利方程中，对于液体的能量损失，通常用单位重量的流体能量损失（即水头损失）h_w 表示，可用液柱高度来度量；对于气体的能量损失，通常用单位体积的流体能量损失（即压强损失）p_w 表示，可用压强差来度量。

一、沿程阻力与沿程损失

流体在管道边壁沿程无变化（过流方向以及过流断面的大小和形状均不随流程而变化）的均匀流流段上，流动阻力沿程不会变化，这类阻力称为沿程阻力。流体克服沿程阻力产生的能量损失称为沿程损失。单位重量流体的能量损失称为沿程水头损失，用 h_f 表示。在流体的整个流段，沿程损失呈均匀分布，即大小与流段的长度成正比，所以也称长度损失。

二、局部阻力与局部损失

在流体沿程边界发生急剧变化时，过流断面的大小和形状以及流道中流体速度的分布都会发生急剧变化，造成局部的阻力损失，这种阻力称为局部阻力，由此引起的能量损失称为局部损失。单位重量流体的局部损失称为局部水头损失，以 h_j 表示。

流动阻力与水头损失的分类　小结任务单

1. 在实际流体恒定总流伯努利方程中,对于液体的能量损失用什么表示？对于气体的能量损失用什么表示？
2. 什么是沿程阻力？什么是沿程损失？
3. 什么是局部阻力？什么是局部损失？

第二节　实际流体流动的两种基本形态

早在 19 世纪就有人发现在同样的边界条件下，由于流体具有黏性，水头损失和流速存在一定关系，流速较小时水头损失和流速之间的规律不同于流速较大时的规律。这种现象启发人们探求流体运动的内在结构，进而分析能量损失的规律及其与内在结构之间的关系。

英国物理学家雷诺经过实验研究发现，能量损失规律之所以不同，是因为流体的流动存在着两种不同的流态。

一、雷诺实验和流态

图 5-1 为雷诺实验装置，在水箱引出一根细玻璃管 A，玻璃管末端装设阀门 B，以调节流体流量。在水箱上部的容器 C 中装有密度和水接近的带有颜色的流体，打开阀门 D，带颜色的水随即经细管 E 注入玻璃管 A 中。

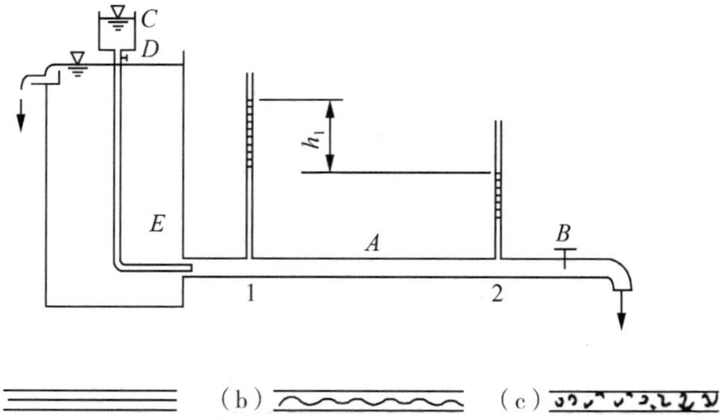

图 5-1　雷诺实验装置

根据雷诺实验过程，水箱内的水位需要保持恒定，实验开始后首先慢慢打开阀门 B，使玻璃管内的水保持较缓流速。然后打开阀门 D，少许带颜色的流体经细管 E 流出。这时可见玻璃管内带颜色的流体呈现出一条清晰的细流，与周围清水不掺混，如图 5-1(a)所示。这说明玻璃管中流体各流层间质点互不掺混，这种流动状态称为层流。

当将阀门 B 逐渐增加开度，玻璃管内流体的流速增大到某一临界值 v'_c 时，带颜色的流体开始出现抖动，如图 5-1(b)所示；继续增加阀门 B 的开度，带颜色的流体的细流受到扰动，开始迅速与周围清水掺混，玻璃管内的整个断面都掺混了带颜色的流体，如图 5-1(c)所示。这种状态说明质点的运动轨迹变得极不规则，各流层质点间杂乱掺混，这种流动状态称为紊流。

若将阀门开度由大至小的顺序操作，即先将阀门 B 的开度增加到最大，玻璃管内流体为紊流状态，然后逐渐减小阀门 B 的开度，则上述现象将反序呈现。

临界流速是指流体的流动状态转换时，流体在流经过流断面时的平均流速。雷诺实验表明，由紊流转变为层流的临界流速值 v_c 小于由层流转变为紊流的临界流速值 v'_c，v_c 称为下临界流速，v'_c称为上临界流速。

为研究不同流态沿程水头损失与流速之间的变化规律，在图 5-1 所示实验装置中的管道上选取过流断面 1-1、2-2，并安装测压管。根据伯努利方程，两断面间的测压管水头差即为该流段的沿程水头损失 h_f，管内水流的断面平均速度 v 可由所测得的流量求出。

雷诺在其以后的一些实验中发现上临界流速 v'_c是不固定的。如果实验存在某些起始扰动，则在较低流速下，层流就能变为紊流。反之，若流体在进入管道前具有相当平静的起始条件，即水箱水位恒定、管道入口平顺、管壁光滑、阀门开启轻缓等，则层流可保持到很高的流速，此时 v'_c比 v_c 大许多。这说明在一定条件下，层流向紊流过渡可存在一个较高的上临界流速 v'_c，其数值大小随扰动的排除程度而提高。

但是下临界流速 v_c 则是稳定的，不受起始扰动的影响，对于任何起始紊流，当流速 v 小于 v_c 时，只要管道足够长，紊流终将发展为层流。对于实际工程，流体流动条件不是理想状态，所以上临界流速 v'_c对工程实际没有意义，而下临界流速 v_c 却成为判断流态的界限，因此，下临界流速 v_c 也被直接称为临界流速。

雷诺实验揭示了流体存在层流和紊流两种不同的流态，说明了沿程水头损失和断面平均流速之间的关系具有不同的规律是由于流动状态的不同引起的。所以分析实际流体运动，例如计算能量损失时，必须首先判别流态。

二、流态的判别准则——临界雷诺数

雷诺通过大量的实验发现，用同一种流体在不同直径的玻璃管内进行实验，所得的临界流速值是各不相同的；用不同的流体在同一直径的玻璃管中进行实验，所得的临界流速值也是各不相同的。这说明流体的流态不仅与流速有关，还与流体的种类、管道的直径有关。从雷诺实验看，临界流速可以判别层流和紊流两种流态，但是直接用临界流速来判断流态却并不方便，因为临界流速本身是随管道尺寸、流体种类、温度等条件而改变的。

实验进一步表明，无论流体的种类和管道的直径如何变化，流态不仅与流速 v 有关，还与管径 d、流体的动力黏滞系数 μ 和密度 ρ 有关。若流动原处于层流状态，其中的 v、d、ρ 越大，越容易成为紊流；而 μ 越大，越不易成为紊流。用这几个量可组成一个无量纲数——雷诺数 Re。

这几个物理量按下列方式组合成无量纲数 Rec，即

$$\mathrm{Rec} = \frac{\rho v_c d}{\mu} = \frac{v_c d}{v} \tag{5-1}$$

式中，Rec——临界雷诺数。

将上式中的临界流速换成流体的实际平均流速，可得到流体流动的一般雷诺数 Re，即

$$\mathrm{Re} = \frac{\rho v d}{\mu} = \frac{vd}{v} \tag{5-2}$$

临界雷诺数一般稳定在 2000 左右，其中以施勒（Schiller）的实验值 Rec≈2300 得到公认。用临界雷诺数作为流态判别标准，只需要计算出管流的雷诺数，将其与临界雷诺数进行比较，便可判别流态：

$\mathrm{Re}=\frac{vd}{v}<\mathrm{Rec}=2300$，流动是层流；

$\mathrm{Re}=\frac{vd}{v}<\mathrm{Rec}=2300$，流动是紊流。

【例题 5-1】某上供下回式管路系统中，上水管管径 $d=25$ mm，管内流速 $v=1.0$ m/s，水温 $t=10$ ℃。（1）试判断管中水的流态；（2）使管内保持层流状态的最大流速是多少？

【解】

（1）首先判别流态，查得 $t=10$ ℃时，水的运动黏度 $v=1.31\times10^{-6}\ \mathrm{m^2/s}$，所以，管中雷诺数为

$$\mathrm{Re} = \frac{vd}{v} = \frac{1.0\times0.025}{1.31\times10^{-6}} = 19084 > 2300,$$

所以，此管中水流为紊流。

（2）保持层流的最大流速是临界流速 v_c

$$v_c = \frac{\mathrm{Rec}\,v}{d} = \frac{2300\times1.31\times10^{-6}}{0.025} = 0.12\ \mathrm{m/s}\ 。$$

三、总水头损失

如图 5-2 所示，h_{fAB}、h_{fBC}、h_{fCD} 为 AB、BC、CD 各段的沿程水头损失，可以看出流体的总水头线沿程逐渐向下倾斜，沿程水头损失即等于各管段沿程水头损失之和

$$\sum h_f = h_{fAB} + h_{fBC} + h_{fCD}$$

h_{jA}、h_{jB}、h_{jC} 为管道入口、管径突然缩小及阀门等处的局部水头损失

$$\sum h_j = h_{jA} + h_{jB} + h_{jC}$$

在实际工程中，管路都是由若干直管段和若干局部管件组成的，整个管路的总水

头损失等于各管段的沿程水头损失和所有局部水头损失的总和，对于图 5-2 来说，整个管路的总水头损失为

$$h_{wA-D}=\sum h_f+\sum h_j=h_{fAB}+h_{fBC}+h_{fCD}+h_{jA}+h_{jB}+h_{jC} \tag{5-3}$$

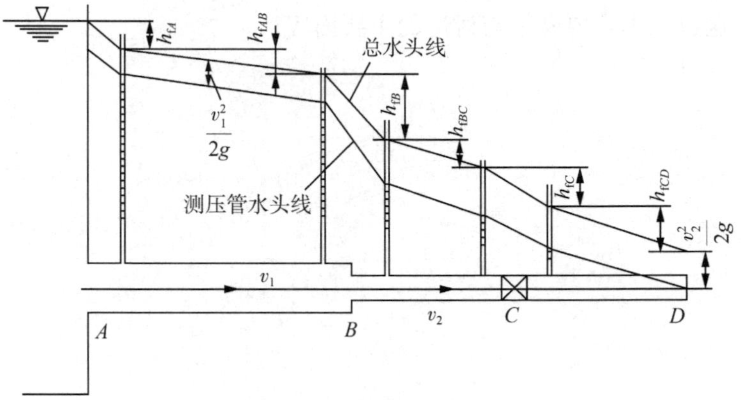

图 5-2　能量损失

四、能量损失的计算公式

1. 沿程损失计算公式

19 世纪中叶，法国的达西和德国的魏斯巴赫在归纳总结前人实验的基础上，提出了圆管沿程水头损失计算公式，通常称为达西公式，是通用经验公式，沿程水头损失按下式计算，以 mH_2O 为单位

$$h_f=\lambda\frac{L}{d}\frac{v^2}{2g} \tag{5-4}$$

式中，L——管长，m；

d——管径，m；

v——断面平均流速，m/s；

g——重力加速度，m/s^2，取 9.81 m/s^2；

λ——沿程阻力系数。

2. 局部损失计算公式

在图 5-1 中，局部损失主要集中于流程中局部装置处，其数值大小与管长无关，主要取决于流道的边壁形状。

一般将局部水头损失 h_j 写成与速度水头（或单位重量动能）的关系的形式。工程上用于计算局部损失的公式为

$$h_{\mathrm{j}} = \zeta \frac{v^2}{2g} \tag{5-5}$$

式中，ζ——局部阻力系数，一般由实验确定；

v——对应断面的平均流速，m/s。

由式(5-4)和式(5-5)可知，计算能量损失的关键是确定沿程阻力系数 λ 和局部阻力系数 ζ，这也是本章要介绍与讨论的主要内容。

实际流体流动的两种基本形态　小结任务单

1. 流体流动的两种流态是什么？如何判断流态的临界流速是哪种流速？
2. 什么是雷诺数？雷诺数的公式如何表示？如何使用雷诺数判别流态？
3. 整个管路的总水头损失等于哪两种损失之和？如何表示两种损失的计算公式？

第三节　均匀流动方程

前面我们讨论了管路流动中能量损失的两种形式以及流动状态与沿程损失的关系,本节将进一步了解在均匀流动条件下沿程水头损失和切应力之间的关系,找到切应力的变化规律,有助于解决紊流沿程水头损失的计算问题。

均匀流动是指过流断面的大小和形状沿流程不变,过流断面上流速分布和方向也没有变化的流动。所以流体均匀流动时,只有沿程损失没有局部损失。均匀流的特点是流线相互平行,过流断面为平面,流速相等,均匀流过流断面上的动压强分布规律与静压强分布规律相同,即在同一过流断面上各点测压管水头为一常数,反之则为非均匀流。在非均匀流中,当流速沿流向变化较缓,只受重力和压力作用,无离心力作用时,过流断面也近乎平面,称为渐变流,与之相反称为急变流。

如图 5-3 所示,在均匀流中取 1-1、2-2 断面间半径为 r_0 的圆形流段进行受力分析。设流段的长度为 l,断面面积为 A,流侧面上的切应力为 τ,则流段沿流动方向所受的外力有:1-1、2-2 断面上的压强 p_1A、p_2A;重力分量 $G=\rho glA\cos\alpha$;管壁阻力 $\tau_0\chi l$。

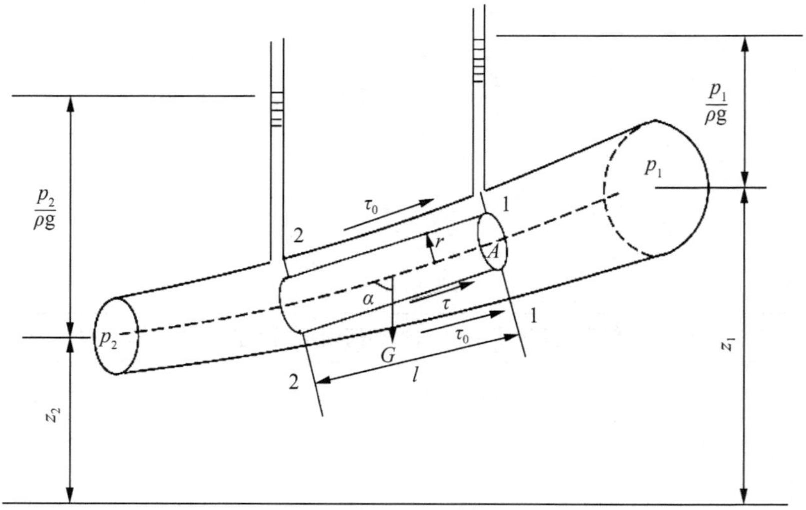

图 5-3　圆管均匀流动

由于均匀流动为等速运动,所以上述各外力的代数和为零,即

$$p_1A-p_2A+\rho gAl\cos\alpha-\tau_0\chi l=0 \tag{5-6}$$

由几何关系知,$l\cos\alpha=z_1-z_2$,代入上式并将上式两边同除 ρgA,得

$$\left(z_1+\frac{p_1}{\rho g}\right)-\left(z_2+\frac{p_2}{\rho g}\right)=\frac{\tau_0\chi l}{\rho gA}=\frac{2\tau_0 l}{\rho gr} \tag{5-7}$$

在 1-1 和 2-2 断面列伯努利方程

$$z_1 + \frac{p_1}{\rho g} + \frac{\alpha_1 v_1{}^2}{2g} = z_2 + \frac{p_2}{\rho g} + \frac{\alpha_2 v_2{}^2}{2g} + h_{w1-2} \tag{5-8}$$

由均匀流动的定义，$\alpha_1 = \alpha_2$，$v_1 = v_2$，$h_w = h_f$ 代入上式得

$$h_f = \left(z_1 + \frac{p_1}{\rho g}\right) - \left(z_2 + \frac{p_2}{\rho g}\right) \tag{5-9}$$

比较式(5-6)和式(5-7)得

$$h_f = \frac{\tau_0 \chi l}{\rho g A} \text{或} \tau_0 = \frac{h_f \rho g r_0}{2l} \tag{5-10}$$

单位长度上的沿程损失表征沿程损失的强度，也称水力坡度，表达式为 $J = h_f / l$，则根据水力坡度的表达式可以将式(5-10)写为

$$\tau_0 = \frac{h_f \rho g A}{\chi l} = \gamma J R \tag{5-11}$$

式(5-11)即为反映沿程损失与沿程阻力之间关系的均匀流动方程。对于圆管流，根据式(5-10)还可以将方程改写为

$$\tau_0 = \frac{h_f \rho g r}{2l} = \gamma J \frac{r_0}{2} \tag{5-12}$$

在流段中任取一同轴圆柱形小流段，半径为 r，那么该流段的沿程损失与流段表面切应力之间的关系可以表达为

$$\tau = \gamma J \frac{r}{2} \tag{5-13}$$

根据式(5-12)和式(5-13)可以得出

$$\frac{\tau}{\tau_0} = \frac{r}{r_0} \tag{5-14}$$

式(5-14)说明圆管均匀流段，切应力呈线性分布。

均匀流动方程　小结任务单

1. 什么是均匀流动？流体均匀流动时产生的能量损失类型是什么？
2. 什么是水力坡度？表达式是怎样的？
3. 均匀流动方程如何表示？对于圆管均匀流方程，切应力分布形态是怎样的？

第四节 圆管中的层流运动

在实际工程中,尽管大多数流体运动都属于紊流,但在一些小管径、低速、高黏度的管道流动中大多属于层流,比如黏性较大的润滑油系统和输油管路等就属于层流。因此,研究层流运动的沿程阻力损失具有一定的实际意义。

一、流速分布

在层流状态下,流体所受到的切应力只有黏滞切应力,其大小可通过牛顿内摩擦力定律得到

$$\tau = -\mu \frac{\mathrm{d}u}{\mathrm{d}r} \tag{5-15}$$

将此式与式(5-13)联立,得

$$\gamma J \frac{r}{2} = -\mu \frac{\mathrm{d}u}{\mathrm{d}r} \tag{5-16}$$

即

$$\mathrm{d}u = -\frac{\gamma J r \mathrm{d}r}{2\mu} \tag{5-17}$$

在均匀流动中,水力坡度 J 不随断面半径 r 变化,因此将上式进行积分

$$u = -\frac{\gamma J r^2}{4\mu} + C \tag{5-18}$$

当 $r=r_0$ 时 $u=0$,代入上式 $C=\frac{\gamma J {r_0}^2}{4\mu}$,所以,圆管层流流速分布方程为

$$u = \frac{\gamma J}{4\mu}(r_0^2 - r^2) \tag{5-19}$$

式(5-19)表明,流体在圆管内作层流运动时,过流断面上的流速按抛物线变化。当 $r=0$ 时,管轴心线处的流速最大,即

$$u_{\max} = \frac{\gamma J}{4\mu} r_0^2 \tag{5-20}$$

圆管层流运动时的断面平均流速为

$$v = \frac{Q}{A} = \frac{\int_A u \mathrm{d}A}{A} = \frac{\int_0^{r_0} \times 2\pi r \mathrm{d}r}{\pi r_0^2} \tag{5-21}$$

将式(5-19)代入上式,得

$$\frac{\gamma J}{8\mu} r_0^2 = \frac{\gamma J}{32\mu} d^2 \tag{5-22}$$

将式(5-20)与式(5-22)比较可知,层流平均流速 v 正好为最大流速 u_{max} 的一半,即

$$v = \frac{1}{2}u_{max} \tag{5-23}$$

二、圆管层流运动的沿程损失

将式(5-22)改写后可以得到圆管层流运动时沿程损失的计算公式,又称达西公式,即

$$h_f = \frac{32\mu l}{\gamma d^2}v \tag{5-24}$$

将式(5-24)与沿程损失计算公式进行联立,得

$$h_f = \lambda \frac{l}{d}\frac{v^2}{2g} = \frac{32\mu l v}{\gamma d^2} \tag{5-25}$$

由上式可以得出圆管层流运动时的沿程阻力系数为

$$\lambda = \frac{64}{\mathrm{Re}} \tag{5-26}$$

式(5-26)表明,圆管层流时的沿程阻力系数 λ 与 Re 是反比关系,管壁粗糙度不会对圆管层流产生影响。

【例题 5-2】某制冷系统中用内径 $d=10$ mm,长 $l=3$ m 的输油管输送润滑油。已知该润滑油的运动黏度 $\upsilon=1.802\times10^{-4}$ m²/s,求流量 $Q=75$ cm³/s 时,润滑油管道上的沿程损失。

【解】$v=\frac{Q}{A}=\frac{4Q}{\pi d^2}=\frac{4\times75\times10^{-6}}{3.14\times0.01^2}=0.96$ m/s,

$\mathrm{Re}=\frac{vd}{\upsilon}=\frac{0.96\times0.01}{1.802\times10^{-4}}=53.3<2300$,故为层流运动。

所以 $\lambda=\frac{64}{\mathrm{Re}}=\frac{64}{53.3}=1.2$,

$h_f=\lambda\frac{l}{d}\frac{v^2}{2g}=1.2\times\frac{3}{0.01}\times\frac{0.96^2}{2\times9.81}=16.91$ m(油柱)。

圆管中的层流运动　小结任务单

1. 流体层流状态的特点是什么？请举例说明。
2. 均匀流动中水力坡度 J 随断面半径 r 变化吗？层流平均流速 v 和最大流速 u_{max} 之间是什么关系？
3. 圆管层流运动时计算沿程损失的达西公式如何表示？圆管层流运动的沿程阻力系数如何表示？

第五节　圆管紊流的理论基础

在供热通风与空调工程中，除了少数流动属于层流外，绝大多数流体运动都属于紊流，因此讨论紊流的特征和运动规律在解决工程实际问题中具有更大的意义。

流体作紊流运动时，流体内部有大小不等的涡体产生于各流层间，流体质点互相掺混，质点在各个方向的波动以及流层间产生局部性的波动，不可避免地产生惯性阻力。实际流体过流断面上的流速分布总是不均匀的，因此使各流层之间产生内摩擦切应力。

一、紊流运动特征

在紊流运动过程中，流体质点的运动轨迹非常复杂，特征是不同流层间的质点相互碰撞、掺混，使质点的运动速度随时间不规则地变化，进而导致流场中各空间位置点的速度、压强等运动参数也随时间作不规则波动，这种现象称为紊流脉动。

紊流运动参数的瞬时值、脉动的幅度、频率变化都具有随机性，紊流的基本特征表明紊流运动的研究有一定难度。但是通过大量的实验和长期的观察，在部分条件恒定的情况下，流速、压强等运动参数始终围绕着一定的平均值上下脉动，这个平均值称为时间平均值。在这里引入统计平均法，通过运动参数的时均化，处理复杂的紊流运动。

在紊流运动中任取一固定空间点进行观察，该点沿流动方向（x 方向）瞬时流速 u 随时间的变化可通过测速仪测定记录下来，如图 5-4 所示，u 随时间不规则地变化，并围绕某一平均值上下脉动。紊流速度的脉动均值（时均流速）即流速对时间段 T 的积分平均，即

$$\bar{u} = \frac{1}{T}\int_0^T u\mathrm{d}t \tag{5-27}$$

同理可以定义时均压强

$$\bar{p} = \frac{1}{T}\int_0^T p\mathrm{d}t \tag{5-28}$$

如图 5-4 所示，瞬时流速 u 是时均流速 $\bar{u}$ 和脉动流速 u'的代数和，即

$$u = \bar{u} + u' \tag{5-29}$$

同理可以定义瞬时压强 p、时均压强 $\bar{p}$ 和脉动压强 p' 的代数和，即

$$p = \bar{p} + p' \tag{5-30}$$

脉动流速为某一空间点的瞬时流速在时段 T 内的时间平均值。瞬时流速是流体通过某空间点的实际流速，在紊流状态下随时间脉动。时均流速可以理解为某一空间点的瞬时流速对于时段 T 的时间平均值。

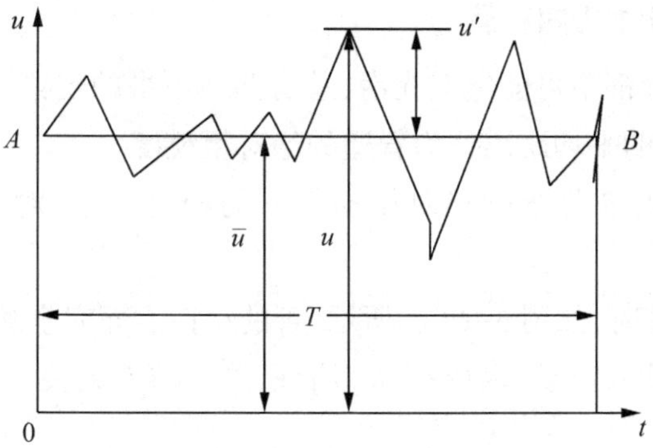

图 5-4　紊流的时均流速

紊流运动的研究可以运用时均的概念简化为时均流动和脉动流动的叠加。时均流动可以反映流动的基本特征,在工程上常将运动参数的时均值作为工程计算基础。当运动参数的时均流速和时均压强不随时间而变时,时均紊流可以认为是恒定流动。为了运用方便,流体紊流运动的核心参数不再标注时均概念的符号。

二、紊流结构、水力光滑管和水力粗糙管

1. 紊流结构

在大量的实验过程中发现,流体在管内作紊流运动时,在贴近管壁的地方,总有一层非常薄的流体由于管壁的阻碍作用速度很小,而处于层流运动时,该流层称为层流底层。管中心部分由于受边壁的影响较小,流体质点相互掺混,碰撞频繁,表现出明显的紊流特征,该部分称为紊流核心。紊流核心与层流底层之间是一层很薄的不完全紊流区,该区域又称过渡层,如图 5-5 所示。

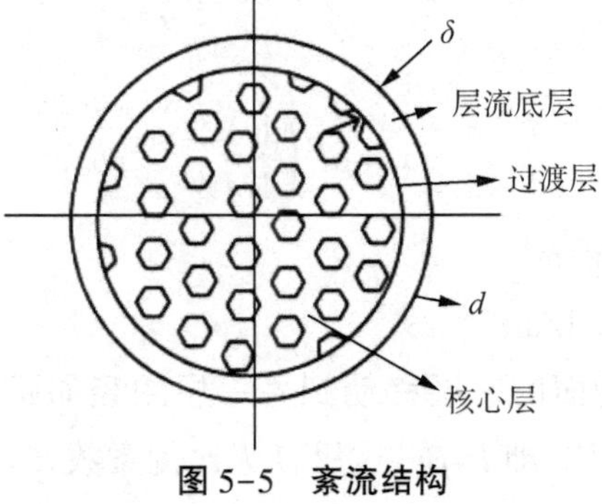

图 5-5　紊流结构

层流底层厚度 δ 随 Re 的增大而减小,即紊流越强烈,Re 越大,层流底层越薄。层流底层厚度一般只有 0.01~0.10 mm,但它的存在对管道边壁粗糙度有扰动,对传热性能也有重大影响,不可忽视。

2. 水力光滑管和水力粗糙管

任何管道的内壁都不可能绝对光滑,总有凹凸不平的现象,如图 5-6 所示。为了便于比较,将峰谷间的平均距离称为管壁的绝对粗糙度。

层流底层的厚度 δ 与管壁绝对粗糙度 k 的相对大小,对紊流沿程损失有很大影响。

当 k 比 δ 小得多时,如图 5-6(a)所示,管的粗糙表面完全被层流底层覆盖。紊流核心相当于在光滑管内流动,因此可认为沿程损失与 k 无关。这种管道称为水力光滑管。

当 k 远大于 δ 时,如图 5-6(b)所示,管壁的粗糙表面完全暴露于紊流核心区,这时紊流中速度较大的流体质点就会冲击凸起部位,形成旋涡,从而使能量损失急剧增大。此时 k 成为沿程损失的主要影响因素,这种管道称为水力粗糙管。

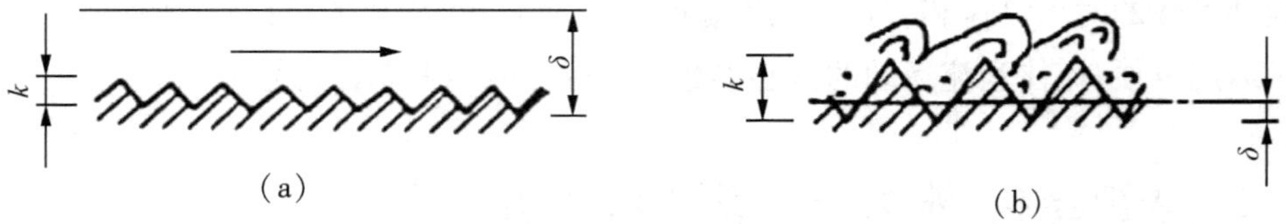

图 5-6 水力光滑管和水力粗糙管

(a)水力光滑管;(b)水力粗糙管

三、紊流阻力与流速分布

1. 紊流阻力

紊流流体内部因流层间的时均流速各不相同,令流层间的黏滞切应力为 τ_1;另外,紊流脉动使流体质点间产生动量交换,令惯性切应力为 τ_2。根据普朗特的混合长理论,可以将惯性切应力 τ_2 表达为

$$\tau_2 = \rho l^2 \left(\frac{\mathrm{d}u}{\mathrm{d}y}\right)^2 \tag{5-24}$$

式中,ρ——流体的密度,kg/m^3;

$\mathrm{d}u/\mathrm{d}y$——速度梯度, 1/s ;

l——流体质点因脉动而由一层移动到另一层的径向距离,也称混合长度,m,其值与质点到管的距离成正比,即 $l=\beta y$,这里 β 为比例系数。

紊流中的总切应力为黏滞切应力与惯性切应力之和,即

$$\tau = \tau_1 + \tau_2 = \mu \frac{\mathrm{d}u}{\mathrm{d}y} + \rho l^2 \left(\frac{\mathrm{d}u}{\mathrm{d}y}\right)^2 \tag{5-25}$$

当雷诺数很大时,黏滞切应力 τ_1 起的作用很小,可以忽略,因此

$$\tau = \rho l^2 \left(\frac{\mathrm{d}u}{\mathrm{d}y}\right)^2 \qquad (5-26)$$

2. **紊流速度分布**

实验证明，流体在管道中作紊流运动时，在层流边界层内，速度仍按抛物线分布；在紊流核心区，流速按对数规律分布，最大流速仍发生在管轴心线上。但由于质点的相互碰撞，流速趋于均匀，速度梯度减小，最大流速与平均流速的关系一般为 $=(0.75\sim0.90)u_{\max}$。

紊流的流速分布规律也可借助一些假设，由紊流切应力公式导出，其中 β、ρ、τ_0 均为常数，即

$$u = \frac{1}{\beta}\sqrt{\frac{\tau_0}{\rho}}\ln y + C \qquad (5-34)$$

式(5-34)表明紊流过流断面上的速度按对数规律分布，式中积分常数 C 和实验常数 β 由管道流动的具体边界条件确定。

圆管紊流的理论基础　小结任务单

1. 流体紊流状态的特点是什么？什么是紊流脉动？什么是时均流速？
2. 紊流的结构特点是怎样的？什么是水力光滑管？什么是水力粗糙管？
3. 紊流中的总切应力包括几种？

第六节　圆管紊流中的沿程水头损失

一、尼古拉兹实验

紊流的沿程水头损失可以根据达西公式计算得出，流体在紊流状态时研究是比较困难的，还不能通过理论精准地推导出公式中的紊流沿程阻力系数 λ，目前都是借助实验总结而来的沿程阻力系数的经验或半经验公式。

为了得到紊流沿程阻力系数 λ 的变化规律，尼古拉兹采用人工粗糙管（管内壁上均匀附有粒度相同的砂粒）进行了大量实验，如图 5-7 所示。实验时，先测定管中的平均流速 v 和管段 l 上的水头损失 h_f，然后由 v 和 h_f 算出 λ 与 Re。

尼古拉兹先后用相对粗糙度在 $\frac{k}{d}=\frac{1}{1014}\sim\frac{1}{30}$ 之间的 6 种不同管子进行了实验，实验结果如图 5-7 所示。由该图可知，λ 的变化规律分为 5 个区域。

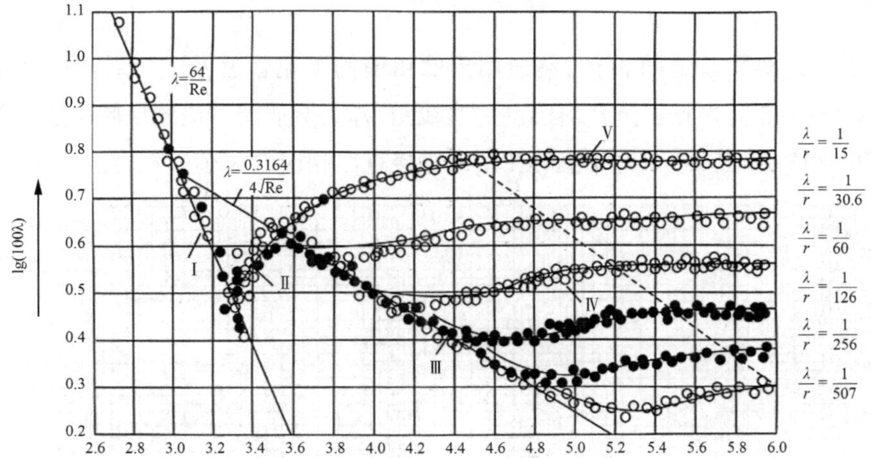

图 5-7　尼古拉兹实验曲线

（1）第Ⅰ区为层流区。当 Re≤2300 时，所有的实验点都落在同一直线Ⅰ上。这说明 λ 与 k/d 无关，只与 Re 有关，即 $\lambda=f_1(\mathrm{Re})$，并且与 Re 的关系符合式（5-26），这也证实了理论分析得出的层流计算公式是正确的。

（2）第Ⅱ区为层流与紊流的临界区。在 2300<Re≤4000 范围内，实验点较分散。但 λ 随 Re 的增大而增大，与 k/d 无关，即 $\lambda=f_2(\mathrm{Re})$。由于该区很不稳定，工程上实用意义不大，因而对此区的计算研究很少。特殊情况下需要时，可按水力光滑管来处理。

(3)第Ⅲ区为紊流光滑区。在 Re>4000 后,所有的实验点起初都落在同一条曲线Ⅲ上,在该曲线范围内,λ 仍只与 Re 有关,而与 k/d 无关,即 $\lambda=f_3(\mathrm{Re})$。这是因为在该区层流底层的厚度 δ 远大于绝对粗糙度 k,构成水力光滑管。

(4)第Ⅳ区为紊流过渡区。在此区域内,具有不同相对粗糙度的实验点各自分开,形成一条条的曲线。这表明,λ 不仅与 Re 有关,还与 k/d 有关,即 $\lambda=f_4(\mathrm{Re},k/d)$。这是因为随着 Re 的增大,$\delta$ 变小,使管壁粗糙度开始影响到核心区内的流动。

(5)第Ⅴ区为紊流粗糙区(也称阻力平方区)。在这个区域相对粗糙度 k/d 不同的实验点各自分布在不同的水平线上。这表明 λ 与 Re 无关,而只与 k/d 有关。这是因为随 Re 的进一步增大,层流底层厚度 δ 变小,使管完全暴露于紊流核心区中,成为影响流动阻力的主要因素,而 Re 的影响逐渐变小。

尼古拉兹实验的意义在于它概括地反映了各种情况下,λ 随 Re、k/d 变化的规律,从而说明 λ 的变化规律与区域有关。

二、莫迪实验

为了得到实际管道的 λ 值,莫迪用天然粗糙的工业管道做了与尼古拉兹相类似的实验。图 5-8 为根据实测资料绘制的曲线图,称为莫迪图。该图反映了实际管道 λ 值的变化规律,知道 Re 和 k/d 值可在图中直接查出相应的 λ 值。

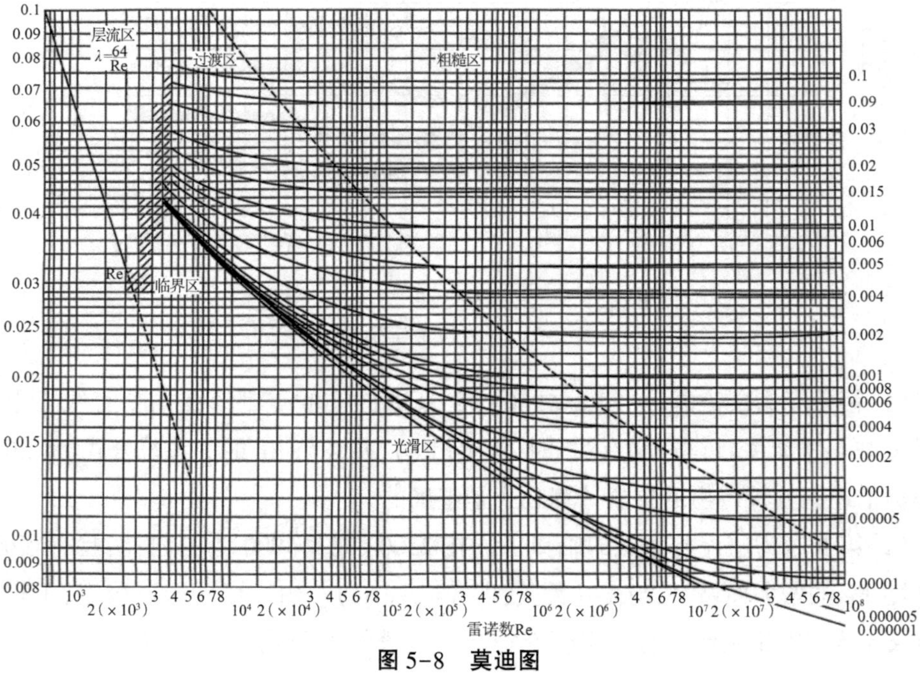

图 5-8 莫迪图

影响实际管道 λ 的因素除管壁粗糙度外，还有粗糙的排列方式、粗糙的形状等。因此，无论是莫迪图还是下述公式中的 k 值，对于工业管道都指当量粗糙度。当量粗糙度就是指与实际管道 λ 值相等的同直径人工粗糙管的粗糙度。各种工业管道的 λ 值，可通过将其实验数据与人工粗糙管的实验数据相比较得到。常用工业管道的当量粗糙度见表 5-1。

表 5-1　常用工业管道的当量粗糙度

管道材料	k/mm
聚氯乙烯管	0~0.002
铅管、铜管、玻璃管	0.010
钢管	0.046
涂沥青铸铁管	0.120
混凝土管	0.300~3.000
镀锌钢管	0.150
新铸铁管	0.250~0.420
旧铸铁管	1.000~1.500
混凝土管	0.300~3.000

紊流 λ 的计算公式除了莫迪图外，很多学者还根据资料总结出了关于实际管道 λ 值的计算公式和区域划分方法，其中应用较普遍的包括以下几种。

(1) $2300 < Re \leqslant 0.32\,(d/k)^{1.28}$ 时为紊流光滑区。在该区，计算 λ 值的常用公式有

布拉修斯公式　$$\lambda = \frac{0.3164}{Re^{0.25}}\ (2300<Re\leqslant 10^5) \tag{5-35}$$

尼古拉兹公式　$$\frac{1}{\sqrt{\lambda}} = 2\lg\frac{Re\sqrt{\lambda}}{2.51} \tag{5-29}$$

(2) $Re>1000d/k$ 时为紊流粗糙区。在该区，计算 λ 值的常用公式有

尼古拉兹公式　$$\frac{1}{\sqrt{\lambda}} = 2\lg\frac{3.7d}{k} \tag{5-37}$$

希弗林松公式　$$\lambda = 0.11\,(k/d)^{0.25} \tag{5-38}$$

(3) $0.32\,(d/k)^{1.28} < Re \leqslant 1000d/k$ 时为紊流过渡区。在该区，计算 λ 值的常用公式有

莫迪公式　$$\lambda = 0.0055[1+(20000k/d+10^6/Re)^{1/3}] \tag{5-39}$$

阿里特苏里公式　$$\lambda = 0.11(k/d+68/Re)^{0.25} \tag{5-40}$$

科列布洛克公式 $$\frac{1}{\sqrt{\lambda}}=-2\lg\left(\frac{2.51}{\mathrm{Re}\sqrt{\lambda}}+\frac{k}{3.7d}\right) \tag{5-41}$$

以上讨论的是圆管内的沿程损失计算问题。在工程上除圆形管道外，还有非圆形管道（如空调装置中常用的矩形管道）。一般情况下，非圆形管道的沿程损失也可用以上公式计算，但由于非圆形管道不存在真实半径，因此公式中的 d 采用其当量直径。

【例题 5-3】水在直径 $d=0.1$ m 的钢管内流动，钢管的当量粗糙度 $k=0.2$ mm，水的运动黏度 $\upsilon=1.31\times10^{-6}\ \mathrm{m^2/s}$，水的流速 $v=5$ m/s，试求 50 m 管长的沿程损失。

【解】$\mathrm{Re}=\dfrac{vd}{\upsilon}=\dfrac{5\times0.1}{1.31\times10^{-6}}=3.8\times10^{5}$，

故为紊流，根据阿里特苏里公式有

$$\lambda=0.11\,(k/d+68/\mathrm{Re})^{0.25}=0.11\times\left(\frac{0.2}{100}-\frac{68}{3.8\times10^{5}}\right)^{0.25}=0.0238,$$

查莫迪图，当 $\mathrm{Re}=3.8\times10^{5}$，$k/d=0.002$ 时，$\lambda=0.024$，与计算结果相近。管路的沿程损失为

$$h_{\mathrm{f}}=\lambda\,\frac{l}{d}\,\frac{v^2}{2g}=0.0238\times\frac{50}{0.1}\times\frac{5^2}{2\times9.81}\ \mathrm{m}=15.2\ \mathrm{mH_2O}。$$

圆管紊流中的沿程水头损失 小结任务单

1. 在尼古拉兹实验中，紊流沿程阻力系数 λ 随 Re、k/d 的变化规律是什么？
2. 旧铸铁管当量粗糙度 k 取值多少？在莫迪实验中，工业管道的 λ 值是如何得到的？
3. 在紊流光滑区、紊流粗糙区、紊流过渡区等各区计算紊流阻力系数 λ 值的常用公式有哪些？

第七节　非圆管流的沿程损失

在工程实际中,通风空调系统多使用矩形通风管道,非圆管道引起沿程损失的沿程阻力同样与固体边壁的接触面积有直接关系,过流断面的几何形状是确定接触面积大小的重要因素之一。

流体的过流断面面积用 A 表示,根据恒定流连续性方程 $Q=vA$,过流断面面积与流量成正比,与断面平均流速成反比。

过流断面上流体和固体边壁相接触的周界几何形状称为湿周,用χ 表示,图 5-9 是几种不同断面管道的湿周。

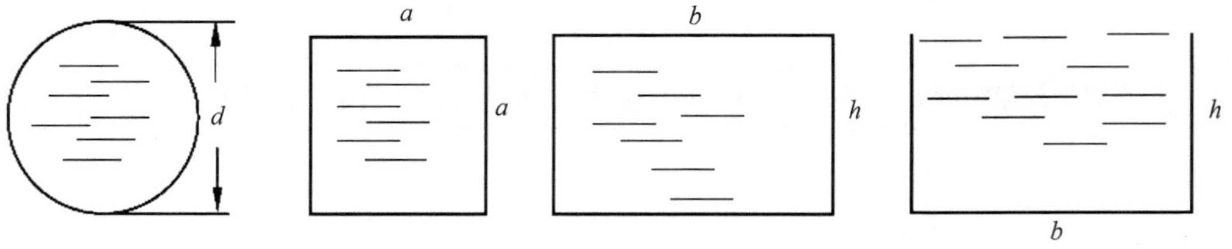

图 5-9　几种不同断面管道的湿周

当流量、流速相等时,取过流断面面积相等的不同形状管道,通过计算发现,长方形过流断面的管道湿周最大,圆形过流断面的管道湿周最小。湿周的大小不但直接影响流体与管道边壁的接触长度,而且影响流动阻力的大小。所以圆形过流断面的管道是减少水头损失的最佳选择。

非圆管有压流动和无压流动都可以用雷诺数来判别。对于非圆管流,在计算雷诺数时,采用水力半径 R 作为特征长度,代替圆形管道的直径 d 进行计算,即

$$R=\frac{A}{\chi} \tag{5-35}$$

式中,R——水力半径,m;

A——过流断面面积,m;

χ——湿周,m。

圆管的水力半径为

$$R=\frac{A}{\chi}=\frac{d}{4} \tag{5-36}$$

对于矩形过流断面,设边长分别为 h 和 b,则水力半径为

$$R=\frac{A}{\chi}=\frac{hb}{2(h+b)} \tag{5-37}$$

若管道的过流面积 A 一定,湿周χ 越小,流动阻力就越小。

两种不同过流断面的管道，在平均流速和湿周相同的情况下，当过流断面 A 越大时，根据连续性方程可以得出流量就越大，因而单位重量流体的能量损失相对就越小，水力半径 R 相对越大。

无压流和非圆形断面的有压流，临界雷诺数大都稳定在 575 左右，故无压流和非圆形断面的有压流的流态判别式为

$$\begin{aligned} &\mathrm{Re}=\frac{vR}{\nu}>575 \quad \text{紊流流态} \\ &\mathrm{Re}=\frac{vR}{\nu}<575 \quad \text{层流流态} \end{aligned} \tag{5-38}$$

当某非圆管的水力半径与某圆管的水力半径相等，且流速、管长等其他条件也相同时，可以得出这两个管道的沿程损失也相等。将与非圆管水力半径相等的圆管直径定义为非圆管的当量直径 d_e，分析可知

$$R = R_{\text{圆}} = \frac{d}{4} \tag{5-39}$$

$$d_e = d = 4R$$

式中，d_e——非圆管的当量直径。从式中可以看出当量直径为水力半径的 4 倍。

边长为 a 的方形断面管道当量直径 $d_e = a$；

边长分别为 h 和 b 的矩形断面当量直径 $d_e = \dfrac{2bh}{b+h}$；

边长分别为 h 和 b 的矩形断面渠道当量直径 $d_e = \dfrac{4bh}{b+2h}$。

无压流和非圆形断面的有压流也可以用非圆管折算的当量直径 d_e 进行计算，此时临界雷诺数仍然采用 2300，故无压流和非圆形断面的有压流的流态判别式为

$$\begin{aligned} &\mathrm{Re}=\frac{vd_e}{\nu}>2300 \quad \text{紊流流态} \\ &\mathrm{Re}=\frac{vd_e}{\nu}<2300 \quad \text{层流流态} \end{aligned} \tag{5-40}$$

注意：

（1）非圆管过流断面几何形状与圆形的偏差越小，计算准确性越高。

（2）用当量直径来计算非圆管能量损失只适用于紊流，不适用于层流。

【例题 5-4】某矩形风道，风道断面尺寸为 250 mm×200 mm，风速 $v=5$ m/s，空气温度为 30 ℃。（1）试判别风道内气体的流态；（2）该风道的临界流速是多少？

【解】（1）首先判别流态，查得 30 ℃时空气的运动黏度 $\nu=16.6\times10^{-6}\ \mathrm{m^2/s}$，风道的水力半径为

$$R = \frac{A}{\chi} = \frac{0.25 \times 0.2}{2 \times (0.25 + 0.2)} = 0.056\ \mathrm{m},$$

风管内雷诺数为

$$Re=\frac{vR}{\upsilon}=\frac{5\times0.056}{16.6\times10^{-6}}=16867>575,$$

故此管中流体的流动为紊流。

(2)该风道的临界流速 v_c 为

$$v_c=\frac{Rec\upsilon}{R}=\frac{500\times16.6\times10^{-6}}{0.056}=0.148\ \text{m/s}\ 。$$

【例题 5-5】有一矩形断面的排水渠,渠底宽 $b=1.0$ m,水深 $h=0.5$ m,水温为 10 ℃,流速 $v=0.7$ m/s,试判别流态。

【解】查运动黏度表,当 $t=10$ ℃时,$\upsilon=1.31\times10^{-6}\ \text{m}^2/\text{s}$,

当量直径

$$d_e=\frac{4bh}{b+2h}=\frac{4\times1.0\times0.5}{1.0+2\times0.5}=1.0\ \text{m}\ ,$$

雷诺数

$$Re=\frac{vd_e}{\upsilon}=\frac{0.7\times1.0}{1.31\times10^{-6}}=534351>2300,$$

所以,流态为紊流。

非圆管流的沿程损失　小结任务单

1. 什么是湿周？请列举几种不同过流断面管道的湿周计算方法。哪种形状管道的湿周最小？
2. 什么是水力半径？计算公式如何表示？流体的沿程损失随水力半径如何变化？
3. 什么是当量直径？如何计算当量直径？当量直径和水力半径的关系是怎样的？用当量直径来计算非圆管能量损失适用于层流吗？

第八节　管流的局部水头损失

一、局部损失产生的主要原因

流体流经三通、弯头等管路时，由于管壁形状发生急剧变化，流体与边壁发生脱离，形成旋涡区，流速分布也发生变化，以上变化均需要耗费能量，所以会产生较集中的局部能量损失。

二、管流的局部阻力系数

根据式(5-5)，局部损失可以描述为流速水头的倍数，研究紊流状态下的局部损失问题就可以看作是求解局部阻力系数 ζ 的问题。大量实验结果表明，紊流状态下的 ζ 值取决于局部阻力处的几何形状、边壁的相对粗糙度和雷诺数，即

$$\zeta = f(\text{局部阻力形状,相对粗糙度,雷诺数}) \tag{5-41}$$

不同情况下，各因素所起的作用不同，但局部边界形状始终是一个最主要的因素。

局部阻力的种类很多，形状及边界复杂。通过分析流动特征，影响局部阻力系数的因素有流断面面积的变化、流动方向的改变以及流量的汇入和分出等。除个别情况，大多数局部阻力系数不能通过理论推导得到，只能借助实验给出经验公式或数值。因此，这里只对几种典型的局部阻力系数给出经验公式或数值。

1. 过流断面面积的变化

管径突然扩大时会形成局部的旋涡，能量损失也较大，造成局部损失，此时局部阻力系数计算及所取速度如下：

当用小管段流速计算时

$$h_j = \zeta_1 \frac{v_1^2}{2g},\ \zeta_1 = \left(1 - \frac{A_1}{A_2}\right)^2 \tag{5-42}$$

当用大管段流速计算时

$$h_j = \zeta_2 \frac{v_2^2}{2g},\ \zeta_2 = \left(\frac{A_2}{A_1} - 1\right)^2 \tag{5-43}$$

式中，A_1、A_2——小管段和大管段的横截面面积，m^2。

可见，针对不同的流速，有不同的局部阻力系数计算公式。

由于管径突然扩大的能量损失较大，因此实际工程中大多采用渐扩管。渐扩管较长，能量损失包括沿程损失和局部损失两部分，相对于 v_1 的局部阻力系数公式为

$$\zeta_1 = \frac{\lambda}{8\sin(\theta/2)}\left[\left(1-\frac{A_1}{A_2}\right)^2\right]+k\left(\tan\frac{\theta}{2}\right)^{1.25}\left(1-\frac{A_1}{A_2}\right)^2 \tag{5-44}$$

式中，λ——沿程阻力系数；

θ——管的扩张角，如图 5-10 所示，k 是与 θ 有关的系数，当 $\theta=10°\sim40°$ 时，圆锥管 $k=4.8$，方形锥管 $k=9.3$，$\theta<10°$ 时，等号右边第二项可以忽略不计。

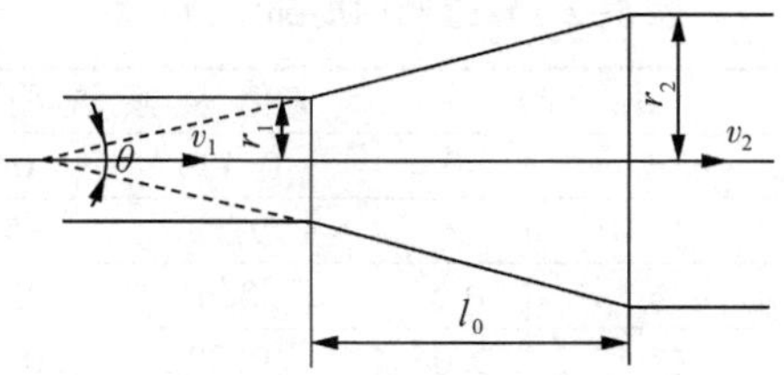

图 5-10　管径突然扩大

如图 5-11 所示，管径突然缩小时，能量损失主要是在收缩断面 C-C 处产生的旋涡造成的，按下式计算

$$\zeta = 0.5\left(1-\frac{A_2}{A_1}\right) \tag{5-45}$$

可以看出管径突然缩小时，局部阻力系数主要取决于断面面积收缩比。

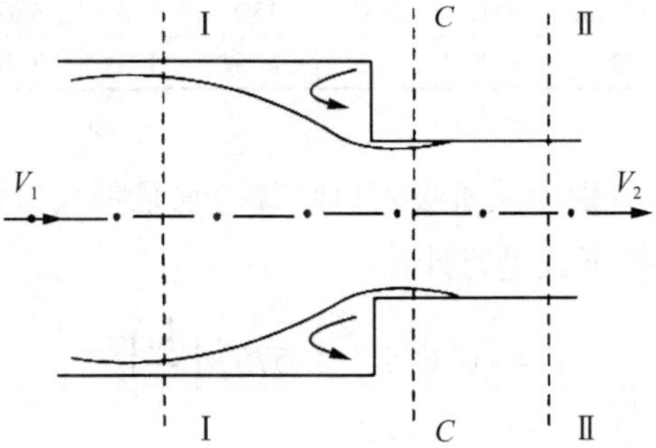

图 5-11　管径突然缩小

当管径逐渐缩小时如图 5-12 所示，当收缩角 $\theta<30°$ 时，沿程阻力损失是主要考虑的问题，局部阻力系数可按下式计算

$$\zeta = \frac{\lambda}{8\sin(\theta/2)}\left[\left(1-\frac{A_1}{A_2}\right)^2\right] \tag{5-46}$$

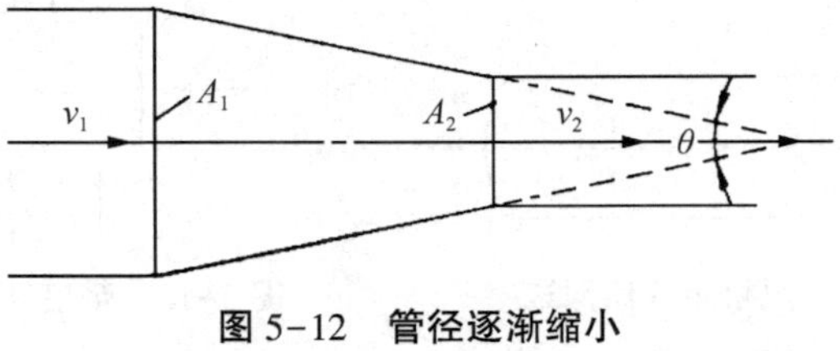

图 5-12　管径逐渐缩小

管道进口的阻力系数与进口边缘的形状有关。不同情况下的局部阻力系数为:直角进口 $\zeta=0.50$;圆角进口 $\zeta=0.05\sim0.25$。

阀门类也可以看作是过流断面的面积改变,常见的阀门有闸阀、蝶阀、截止阀、止回阀等,具体数据见表 5-2。

表 5-2 管道阀门局部阻力系数

名称	图示	ζ值及其说明								
闸阀	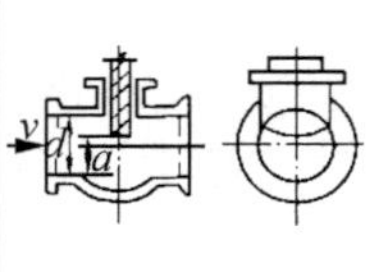	a/d		0	0.125		0.2	0.3		0.4
		ζ		∞	97.3		35.0	10.0		4.60
		a/d		0.5	0.6		0.7	0.8		0.9
		ζ		2.06	0.98		0.44	0.17		0.06
蝶阀	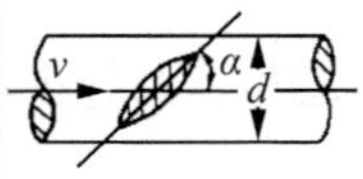	α	全开	5°	10°	15°	20°	25°	30°	35°
		ζ	0.1~0.3	0.24	0.52	0.90	1.54	2.51	3.91	6.22
		α	40°	45°	50°	55°	60°	65°	70°	90°
		ζ	10.8	18.7	32.6	58.8	118	256	751	∞
截止阀	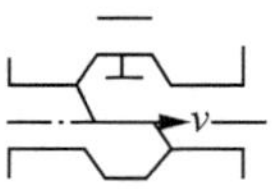	d/cm		15		20		25		30
		ζ		6.5		5.5		4.5		3.5
		d/cm		35		40		50		≥60
		ζ		3.0		2.5		1.8		1.7
止回阀		d/mm	150	200	250	300	350	400	500	≥600
		ζ(全开)	6.5	5.5	4.5	3.5	3.0	2.5	1.8	1.7

图 5-13 和图 5-14 分别为风机吸入口网罩与水泵吸入口带底阀的滤水网。过滤网格的局部阻力系数可按下式进行计算

$$\zeta = (0.675 - 1.575)\left(\frac{A_0}{A}\right)^2 \tag{5-47}$$

式中,A——吸风管面积;

A_0——网孔总面积。

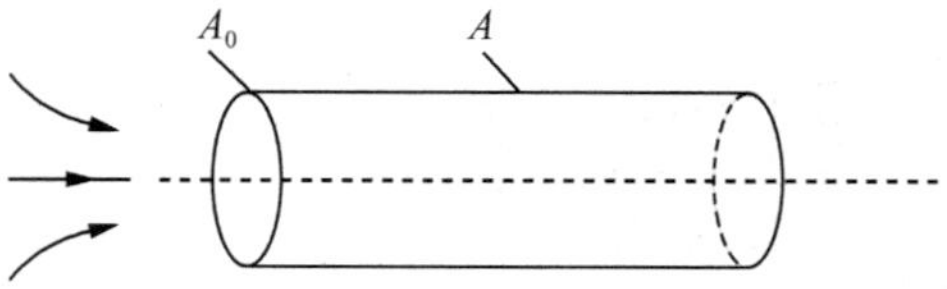

图 5-13 风机吸入口网罩

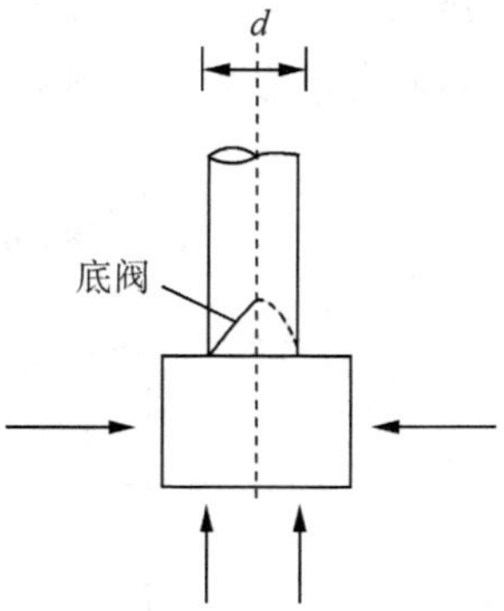

图 5-14 带底阀的滤水网

带底阀的滤水网阻力系数值见表 5-3。

表 5-3　带底阀的滤水网 ζ 值

管径 d/mm	40	50	70	100	150	200	300	500	750
ζ	12.0	10.0	8.5	7.0	6.0	5.2	3.7	2.5	1.6

2. 流动方向的变化

流体在转弯处流动方向发生变化就会产生旋涡区，能量损失加大，弯管的局部损失不仅和弯管中心角 θ 有关，还和曲率半径 r_c 与管径 d 的比值有关，如图 5-15 所示。

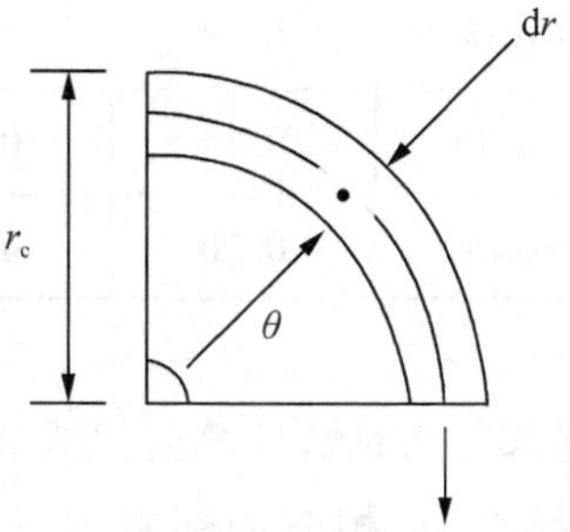

图 5-15　弯管流动

根据大量实验数据得出，当 $r_c/d=0.5\sim4.0$ 时，

$\theta=90°$，$\zeta_{90}=0.30\sim1.20$；

$\theta=30°$，$\zeta_{30}=0.55\zeta_{90}$；

$\theta=45°$，$\zeta_{45}=0.70\zeta_{90}$；

$\theta=180°$，$\zeta_{180}=1.33\zeta_{90}$。

3. 流量的变化

流体流经三通等管时，流量随即发生改变，支管夹角为 45°时，分流和汇流三通局部阻力系数见表 5-4 和表 5-5。

表 5-4　分流三通的局部阻力系数

v_1/v_2	d_1/d_2					
	0.35	0.58	1.00	0.35	0.58	1.00
	对应支管流速 v_1 的 ζ 值			对应支管流速 v_2 的 ζ 值		
0.60	−0.03	−0.06	0.11	1.44	1.80	3.60
0.80	−0.04	−0.08	0.06	0.57	0.82	2.20
1.00	−0.04	−0.08	−0.04	0.13	0.18	1.60
1.20	−0.05	−0.08	0.15	0.09	0.13	1.20
1.40	−0.05	−0.08	0.30	0.14	0.28	0.90
1.60	−0.05	−0.07	0.48	0.23	0.28	0.80

表 5-4　汇流三通的局部阻力系数 ζ 值

v_1/v_2	d_1/d_2					
	0.35	0.58	1.00	0.35	0.58	1.00
	对应支管流速 v_1 的 ζ 值			对应支管流速 v_2 的 ζ 值		
0.60	0.15	0.18	0.51	−0.64	−1.60	−0.35
0.80	0.17	0.08	0.65	0.19	−0.50	0.15
1.00	0.15	0.02	0.72	0.50	0.16	0.40
1.20	0.13	−0.08	0.58	0.55	0.20	0.50
1.40	0.08	−0.15	0.35	0.70	0.22	0.56
1.60	0.08	−0.26	0.20	0.74	0.37	0.58

以上介绍了部分管件的局部阻力系数计算公式或数值。需要说明的是,在工程上还会遇到各种各样的其他局部阻力,相应局部阻力系数在专业手册或规范中均可查到。

四、减小流动阻力的措施

减小管路中流体运动的阻力有两种途径:一是改进流体外部的环境,改善边界对流动的影响;二是在流体内部加入极少量的添加剂,使其影响流体运动的内部结构来实现减阻。本节主要介绍改善边界的减阻措施。

要降低粗糙区或过渡区内的紊流沿程阻力,最容易想到的减阻措施是降低管壁的粗糙度。例如,在实际工程中对钢管、铸铁管等进行内部涂塑,或者采用塑料管道、玻璃钢管道代替金属管道。此外,用柔性边壁代替刚性边壁也能减少沿程阻力。水槽中的拖曳实验表明,高雷诺数下柔性板的摩擦阻力比刚性板小 50%。对安放在管道中间的弹性软管进行阻力实验,结果比同样条件的刚性管道的沿程阻力小 35%。管中液体的黏性越大,软管的管壁越薄,减阻效果越好。

改变流体外部的边界条件,防止或推迟主流与边壁的分离,避免旋涡区的产生或减小旋涡区的大小和强度,是降低局部损失的重要措施。

(1)管道进口减阻措施

将管道进口由锐缘进口改成圆角进口时,局部阻力系数可减少一半,若进一步改成流线型进口,其局部损失系数可减少 90%以上。

(2)渐扩管和突扩管减阻

扩散角大的渐扩管阻力系数较大,通常采用图 5-16(a)所示的形式使阻力系数减半,突扩管通常采用图 5-16(b)所示的台阶形式减小阻力。

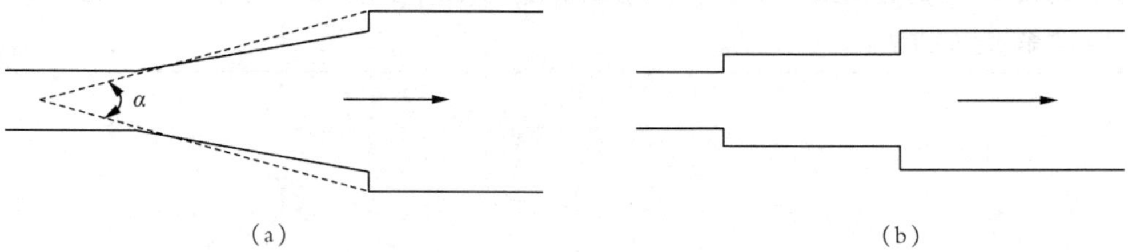

图 5-16 渐扩管和突扩管的边壁改善措施

(3)弯管的减阻措施

弯管的局部阻力系数在一定范围内随曲率半径 R 的增大而减小。表 5-6 给出了 90°弯管在不同 R/d 时的局部阻力系数值。

表 5-6 不同 R/d 时的 ζ 值($Re=10^6$)

R/d	0	0.5	1.0	2.0	3.0	4.0	6.0	10.0
ζ	1.140	1.000	0.246	0.159	0.145	0.167	0.200	0.240

由表 5-6 可以看出,弯管的 R 最好取在$(1\sim4)d$的范围内。断面大的弯管,往往只能采用较小的 R/d,可通过在弯管内部布置导流叶片的方法达到减阻的目的。

(4)三通减阻措施

减小支管与合流管之间的夹角,或将支管与合流管连接处的折角改缓,都能减小三通的阻力系数。如图 5-17 所示,将 90°的 T 形三通的折角改成 45°,则合流时的 ζ_{1-2} 和 ζ_{2-3} 减小 30%~50%,分流时的 ζ_{1-2} 和 ζ_{2-3} 减小 20%~30%,但对分流的 ζ_{3-2} 的影响不大。如果将切割的三角形加大,阻力系数还能显著下降。

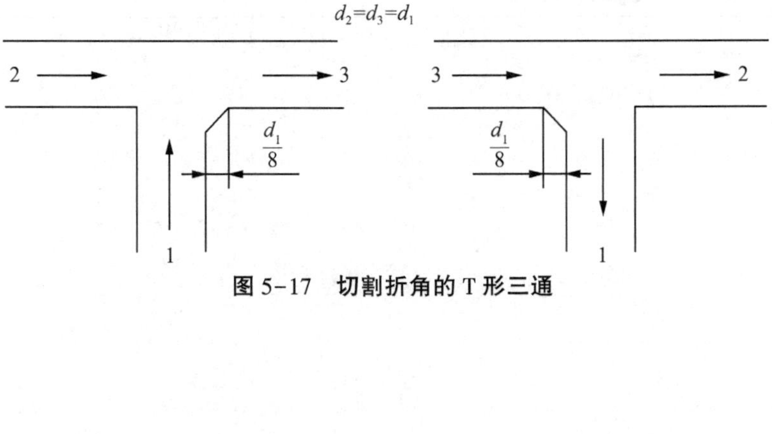

图 5-17 切割折角的 T 形三通

管流的局部水头损失　小结任务单

1. 局部损失产生的主要原因是什么？局部阻碍的种类有几种？请分别举例说明每种类型求解局部阻力系数 ζ 的方法。
2. 局部损失与流速水头是什么关系？请写出其关系式。
3. 减小局部损失的措施包括哪些？

流体阻力与水头损失　作业任务单

姓名		学号		班级	
作业题目：					

1. 流动阻力损失有几种形式？产生损失的物理原因是什么？其大小主要与哪些因素有关？

2. 在不同过流断面形状的管路中，当断面面积和流量都相等时，圆形、方形、矩形中哪种形状的管道水头损失最小？

3. 通风管道的内径 $d=200$ mm，风速 $v=3$ m/s，空气温度为 40 ℃，运动黏度为 17.6×10^{-6} m^2/s。试求：(1) 风道内气体的流动状态；(2) 该风道内空气保持层流的最大速度。

4. 有一直径 $d=25$ mm 的室内上水管，管内流速 $v=1.0$ m/s，水温 $t=10$ ℃。(1) 试判断管中水的流态；(2) 使管内保持层流状态的最大流速是多少？

5. 某矩形风道，风道断面尺寸为 250 mm×200 mm，风速 $v=5$ m/s，空气温度为 30 ℃。(1) 试判断风道内气体的流态；(2) 该风道的临界流速是多少？

6. 有一矩形断面的排水渠，渠底宽 $b=1.0$ m，水深 $h=0.5$ m，水温为 10 ℃，流速 $v=0.7$ m/s，试判别流态。

7. 某圆管的直径 $d=15$ mm，流速 $v=12$ cm/s，水温 $t=10$ ℃，试求在管长 $L=30$ m 上的沿程水头损失。

8. 润滑油输送管路内径 $d=10$ mm，长 $l=3$ m，管路内输送的润滑油运动黏度为 1.802×10^{-4} m^2/s，当润滑油管路流量达到 $Q=75$ cm^3/s 时，试求管路的沿程损失。

9. 不锈钢供水管道管径 $d=0.2$ m，管长 $l=100$ m，钢管的当量粗度 $k=0.2$ mm，钢管内流动的水温 $t=5$ ℃，试求通过流量 $Q=20$ L/s 时的沿程损失。

10. 某变径管道中，同种均质流体以相同的速度从小管径流向大管径，或者从大管径至小管径两个方向流动，在两种流动情况下，局部水头损失是否相同？为什么？

作答区(可自行加页)：

小组合作情境探究：

如图所示，某输水系统用水泵将低位水池内的水输送至高位水箱。已知镀锌钢管管径 $d=50$ mm，流量为 2.6 L/s，管路上的全部局部阻力系数 $\sum\zeta=14.9$（含出口阻力系数），管长 $l=50$ m，水的运动黏度为 1.52×10^{-6} m^2/s，水箱液面距水池液面的高度差 $H=30$ m，试讨论并求出水泵所需提供的输水压力。

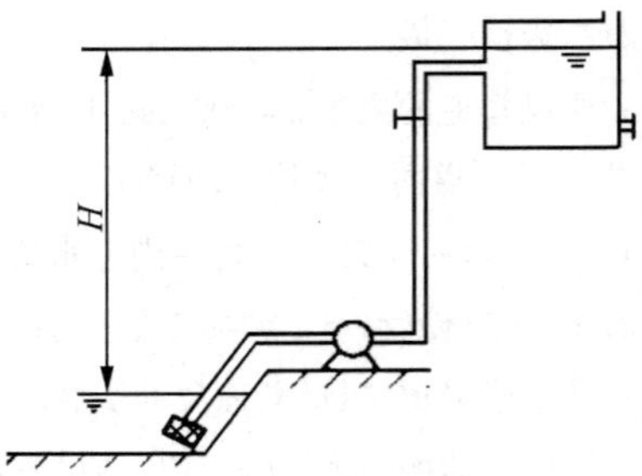

第六章　管路水力计算

学习目标	**知识目标：** 掌握短管与长管的计算方法，进而掌握复杂管路中串联管路、并联管路的基本水力计算问题；了解管网的计算基础。 **素养目标：** 注重树立透过现象看本质的辩证思维方式，在理论内容的学习进程中培养理论联系实际的能力。
学习重点	1. 短管与长管的计算方法； 2. 掌握串联管路、并联管路的基本水力计算，了解管网的计算基础。
学习难点	1. 短管与长管阻抗的求值与应用； 2. 串联管路、并联管路计算原则的应用。
建议学时	4 学时

供热通风、燃气工程及给排水工程中的很多问题都属于压力出流问题。如门窗的自然通风计算、供热管路中节流孔板计算、孔板送风计算等。工程上所指的水力计算就是运用流体运动的基本理论，如连续性方程、能量方程、动量方程以及能量损失的计算公式等，以确定流体的流量、水头损失和管道设备的几何尺寸等。工程设计计算和校核计算是两种最常见的管路计算类型。

按压力出流管路系统的构成，可将管路分为简单管路和复杂管路。当管流的管径和流量沿程都不发生变化时，这个管路系统就称为简单管路。如果管流的管径和流量沿程不断发生变化，则称这种管路系统为复杂管路。简单管路经串联、并联组合构成复杂管路。同时，管路经串联、并联根据分支情况又可分为枝状管网和环状管网两种。

第一节　简单管路

一、概述

1. 管路的水力计算任务

设计计算是根据流量设计管路系统的形式，确定管道的几何尺寸，选择合适的流体设备，即已知各管段的流量和水泵的扬程，确定各管段的管径。

校核计算是对现有的管路系统进行流量或能量损失的计算，以校核现有的流量或流体设备是否满足要求。一种是已知各管段的管径、水泵的扬程，确定各管段的流量；另一种是已知各管段的管径、流量，确定水泵扬程。

2. 简单管路的分类

从简化水力计算的角度，流体流动时产生的能量损失由沿程损失和局部损失两部分组成。不同的管路系统中两种损失都占有不同的比例，为了方便管路水力计算，根据管路的两种损失在总损失中的占比情况，将管路分为长管和短管。

所谓长管就是流体在管道中的水头损失以沿程损失为主，速度水头与局部水头损失之和同沿程损失相比很小，不超过沿程损失的 5%～10%，所以当进行水力计算时，长管的局部损失可按沿程损失的一定百分数进行估算即可，当占比极小时可忽略不计，输水干管、输油管路和城市集中供热干管等都属于此类管路。所谓短管就是流体在管道中的速度水头与局部水头损失之和同沿程损失都占一定的比重，达到或超过沿程损失的 5%～10%，当进行水力计算时，局部损失同沿程损失都需要计算，不能忽略，如室内的供热空调管路、给水管路、水泵的吸水管等均属于短管。

实际工程中，以 $l/d \geqslant 1000$ 作为判断长管的条件；以 $l/d<1000$ 作为判断短管的条件。

二、简单管路水力计算

如图 6-1 所示，水箱出流管管径 d 相同，流量 Q 也相同，这就是一个典型的简单管路，它是组成各种复杂管路的基本单元。

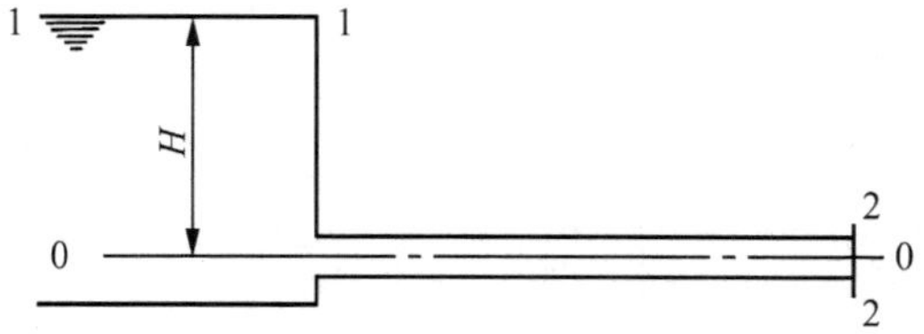

图 6-1　简单管路

以出流管管轴心处为0-0基准线,列1-1、2-2两断面间的伯努利方程,这里忽略自由液面下降速度,出流管直通大气,即

$$H_1 + \frac{p_1}{\rho g} + \frac{\alpha_1 v_1^2}{2g} = H_2 + \frac{p_2}{\rho g} + \frac{\alpha_2 v_2^2}{2g} + h_w$$

$$h_w = \lambda \frac{l}{d}\frac{v^2}{2g} + \sum \zeta \frac{v^2}{2g}$$

$$H = \left(\lambda \frac{l}{d} + \sum \zeta + 1\right)\frac{v^2}{2g} \tag{6-1}$$

因出口局部阻力系数$\zeta=1$,将1计入局部阻力之和,则上式可简化为

$$H = \left(\lambda \frac{l}{d} + \sum \zeta\right)\frac{v^2}{2g} \tag{6-2}$$

将$v = \frac{4Q}{\pi d^2}$代入上式,得

$$H = \frac{8\left(\lambda \frac{l}{d} + \sum \zeta\right)}{\pi^2 d^4 g}Q^2 \tag{6-3}$$

令$S = \frac{8\left(\lambda \frac{l}{d} + \sum \zeta\right)}{\pi^2 d^4 g}$, 则

$$H=SQ^2 \tag{6-4}$$

式中,H——管路的总水头,m;

Q——管路的流量,m^3/s;

S——管路的阻抗,s^2/m^5。

对于气体管路,

$$P_w=\gamma S Q^2 \tag{6-5}$$

式中,P_w——气体管路的压头损失,Pa。

由式(6-4)可知,对于确定的流体,如果密度一定,在管径d和管长l已给定时,阻抗只随沿程阻力系数和局部阻力系数变化,如果管路管材配件已确定,说明局部阻力系数也是一定的,那么阻抗S只随沿程阻力系数λ变化。前面已经了解,当流动处在阻力平方区时,λ与雷诺数无关,与流速也无关,只与粗糙度有关,所以在管路管材已确定的情况下,沿程阻力系数λ值也可视为常数。所以阻抗S对已给定的管路是一个定数,它综合反映了流体在管路中的沿程阻力和局部阻力的情况,以及流体特性规律,称为管路阻抗。

在某水泵向水箱送水的简单管路中,管径和流量都是定值,如图6-2所示。以0-0为基准面,列1-1、2-2两断面间的伯努利方程,并整理为

$$H = (z_1 - z_2) + \frac{p_0 - p_b}{\rho g} + \frac{\alpha_2 v_2^2 - \alpha_1 v_1^2}{2g} + h_w$$

1-1 液面速度水头忽略不计，水泵扬程为

$$H=(z_1-z_2)+\frac{p_0}{\rho g}+SQ^2 \tag{6-6}$$

式(6-6)表明，水泵扬程不仅可以用来克服流动阻力，还可以用来提高流体的位置水头和压力水头，使低位流体流至高位压力水箱中。

【例题 6-1】 如图 6-2 所示的水泵输水系统。已知输水管路管长 $l=100$ m，管径 $d=50$ mm，流量 $Q=10\ \mathrm{m^3/h}$，$\lambda=0.015$，1-1 水源液面距 0-0 基准面为 3 m，上部压力水箱 2-2 液面距 0-0 基准面为 8 m，水箱液面压强 $p_1=494.9$ kPa，水温 $t=4$ ℃，管路上设置了 3 个弯头、2 个闸阀。试确定管路的阻抗 S 和水泵扬程 H。

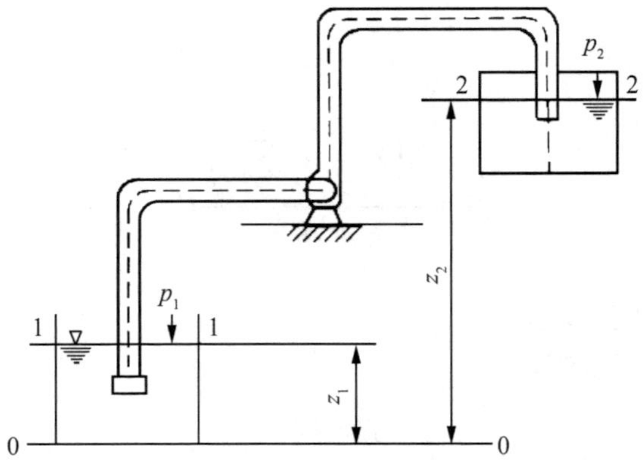

图 6-2　例题 6-1

【解】 以 0-0 为基准面，列水源液面 1-1 和压力水箱水面 2-2 的伯努利方程，忽略水源液面流速

$$z_1+\frac{p_1}{\rho g}+\frac{\alpha_1 v_1^2}{2g}=z_2+\frac{p_2}{\rho g}+\frac{\alpha_2 v_2^2}{2g}+h_{w1-2}$$

$z_1=3\ \mathrm{m}, z_2=8\ \mathrm{m}, p_1=0, \dfrac{v_1^2}{2g}\approx 0, \dfrac{v_2^2}{2g}\approx 0, \alpha_1=\alpha_2=0,$

$\dfrac{p_2}{\rho g}=\dfrac{494.9}{9.8}=50.4\ \mathrm{m},$

流向各管件的局部阻力系数：

3 个弯头：$\zeta=3\times1.0=3.0$，

2 个闸阀：$\zeta=2\times0.5=1.0$，

$\sum\zeta=4.0$。

管路的阻抗为

$$S=\frac{8\left(\lambda\frac{l}{d}+\sum\zeta\right)}{\pi^2 d^4 g}$$

$$=\frac{8\times\left(0.015\times\frac{100}{0.05}+4\right)}{3.14^2\times0.05^4\times9.81}$$

$$=4.5\times10^5\ \mathrm{s^2/m^5}。$$

管路的阻力损失为

$$h_w=SQ^2=4.5\times10^5\times\left(\frac{10}{3600}\right)^2=3.47\ \mathrm{mH_2O}。$$

水泵应提供的扬程为

$$H=(z_2-z_1)+\frac{p_2}{\rho g}+h_{w1-2}=(8-5)+50.4+3.53=56.93\ \mathrm{m}。$$

简单管路　小结任务单

1. 管路的水力计算任务分为几种？
2. 什么是长管？什么是短管？判断长管、短管的条件是什么？
3. 什么是管路阻抗？计算公式如何表示？液体管路的总水头如何求解？气体管路的压头损失如何求解？

第二节 复杂管路

对于实际工程项目,大多数管道系统都是由简单管路经串联、并联形式连接起来的复杂管路,所以研究串联、并联管路的流动规律更具有实际意义。

一、串联管路

由管径不同的数段简单管路首尾顺序连接起管路称为串联管路,如图 6-3 所示,管路首尾相接,各管段沿程分别有流量分出,流量逐渐减少,管路沿程管径也随流量的减少而减小。

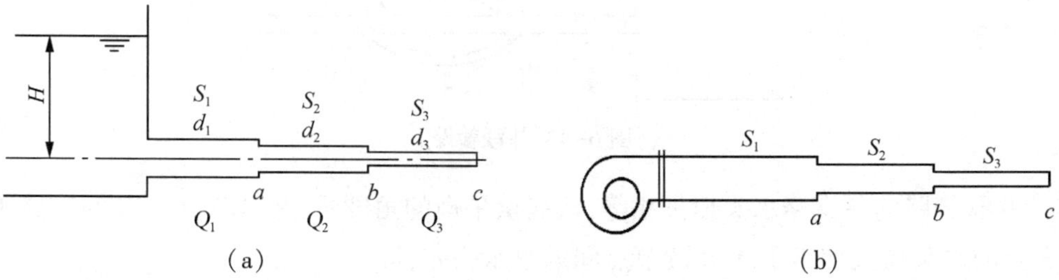

图 6-3 串联管路

串联管路中,任意两管段的相接之处称为节点。每个节点都遵循质量平衡的原理,即流入节点的流量等于流出节点的流量。如图 6-3(a)中 a、b、c 三个节点都满足节点流量平衡

$$Q_1 = Q_2 = Q_3 = \cdots = Q_i \tag{6-7}$$

串联管段的总水头损失按阻力叠加原理,等于各管段水头损失之和,即

$$h_w = H = h_{w1} + h_{w2} + h_{w3} + \cdots + h_{wi} = S_1Q_1^2 + S_2Q_2^2 + S_3Q_3^2 + \cdots + S_iQ_i^2 \tag{6-8}$$

$$h_w = H = \sum_{i=1}^{n} h_{wi} = \sum_{i=1}^{n} S_iQ_i^2 \tag{6-9}$$

如图 6-3(b)所示,在气体管路中,同理按阻力损失叠加原理,则有

$$p_w = \sum_{i=1}^{n} p_{wi} = \sum_{i=1}^{n} S_iQ_i^2 \tag{6-10}$$

因各管段流量相等,管段总的阻抗等于各管段的阻抗之和,则有

$$S = S_1 + S_2 + S_3 + \cdots + S_i \tag{6-11}$$

$$S = \sum_{i=1}^{n} S_i \tag{6-12}$$

综上所述,在无合流或分流的串联管路中,其各管段流量相等,总管路的阻抗 S 等于各管段的阻抗叠加,这就是串联管路的流动规律和计算原则。

二、并联管路

在两节点之间，并接两根以上管段的管路称为并联管路，此时并联的各管段首尾相连，如图 6-4 中节点 A、B 之间就是三根有共同起点和共同终点的管段并接组合而成的。

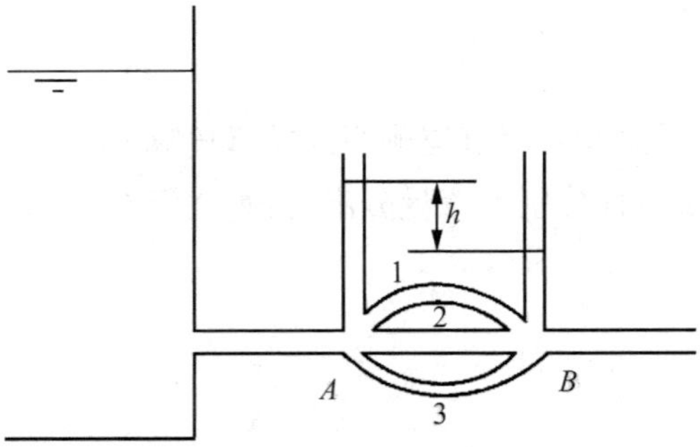

图 6-4　并联管路

并联管路的各支路水头损失相等，从能量平衡的角度看，并联节点 A、B 间支路 1、2、3 上的水头损失均等于 A、B 两节点间的总水头差，即

$$h_{w1}=h_{w2}=h_{w3}=h_{wA-B} \tag{6-13}$$

设 S 为并联管路的总阻抗，Q 为总流量，则

$$S_1Q_1^2=S_2Q_2^2=S_3Q_3^2=SQ^2 \tag{6-14}$$

并联管路同串联管路一样，遵循连续性原理，对于不可压缩流体，A 节点分流前总流量应等于各支路流量之和，即

$$Q=Q_1+Q_2+Q_3 \tag{6-15}$$

由式(6-13)、式(6-14)和式(6-15)可得

$$\frac{1}{\sqrt{S}}=\frac{1}{\sqrt{S_1}}+\frac{1}{\sqrt{S_2}}+\frac{1}{\sqrt{S_3}} \tag{6-16}$$

综上所述，并联管路各节点上的总流量为各支管流量之和，并联各支管上水头损失相等，总阻抗平方根的倒数等于各支管阻抗平方根倒数之和，这就是并联管路的流动规律和计算原则。

式(6-14)也可写为以下形式

$$\frac{Q_1}{Q_2}=\frac{\sqrt{S_2}}{\sqrt{S_1}},\ \frac{Q_2}{Q_3}=\frac{\sqrt{S_3}}{\sqrt{S_2}},\ \frac{Q_3}{Q_1}=\frac{\sqrt{S_1}}{\sqrt{S_3}} \tag{6-17}$$

$$Q_1:Q_2:Q_3=\frac{1}{\sqrt{S_1}}:\frac{1}{\sqrt{S_2}}:\frac{1}{\sqrt{S_3}} \tag{6-18}$$

此两式为并联管路流量分配规律。并联各管段的流量分配和各管段的阻抗平方根为反比关系。式(6-18)的意义在于各分支管路的几何尺寸、局部构件确定后,可以根据各支管阻力损失相等的原则来分配并联管路各支管的流量。阻抗大的支管流量小,阻抗小的支管流量大。

【**例题 6-2**】如图 6-5 所示,某两层楼的供热管路立管设置,管段 1 的直径 $d_1=20$ mm,总长度 $l_1=20$ m;管段 2 的直径 $d_2=20$ mm,总长度 $l_2=10$ m。管道的沿程阻力系数 $\lambda=0.025$,局部阻力系数 $\sum\zeta_1=\sum\zeta_2=15$,干管中的流量 $Q=0.001$ m³/s,热水的密度 $\rho=980$ kg/m³,试求立管的流量 Q_1 及 Q_2。

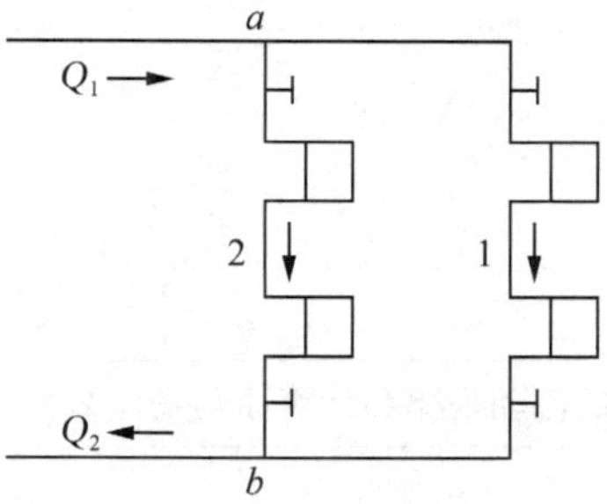

图 6-5　例题 6-2

【**解**】根据并联管路节点 a、b 间的阻力损失相等,由 $S_1Q_1^2=S_2Q_2^2$ 可以得出

$$\frac{Q_1}{Q_2}=\frac{\sqrt{S_2}}{\sqrt{S_1}}=\sqrt{\frac{8\left(\lambda\dfrac{l_2}{d_2}+\sum\zeta_2\right)}{\pi^2d_2^4g}}\Bigg/\sqrt{\frac{8\left(\lambda\dfrac{l_1}{d_1}+\sum\zeta_1\right)}{\pi^2d_1^4g}}=0.829,$$

$$Q=Q_1+Q_2=0.829Q_2+Q_2=1.829Q_2,$$

$$Q_2=\frac{Q}{1.829}=\frac{0.001}{1.829}=5.5\times10^{-4}\ \text{m}^3/\text{s},$$

$$Q_1=0.829Q_2=4.5\times10^{-4}\ \text{m}^3/\text{s}。$$

由计算过程可以看出,阻抗大,流量就小,为了使供热管路流量平衡,就需要进行"阻力平衡"计算,使流量 $Q_1=Q_2$,可以通过设计调整管径 d 及 $\sum\zeta$,保证阻抗相等,同时也保证水头损失 $h_{w1}=h_{w2}$,以达到用户需求。

复杂管路　小结任务单

1. 什么是串联管路？串联管路的流动规律和计算原则是什么？
2. 什么是并联管路？并联管路的流动规律和计算原则是什么？
3. 当各分支管路的几何尺寸、局部构件确定后，如何分配并联管路各支管的流量？各支管的阻抗和流量是什么关系？

管路水力计算　作业任务单

姓名		学号		班级	

作业题目：

1. 水泵抽水系统，管长、管径、局部阻力系数已标于下图中，单位为 m，流量 $Q=0.2\ m^3/s$，沿程阻力系数 $\lambda=0.025$，试求水泵的扬程。

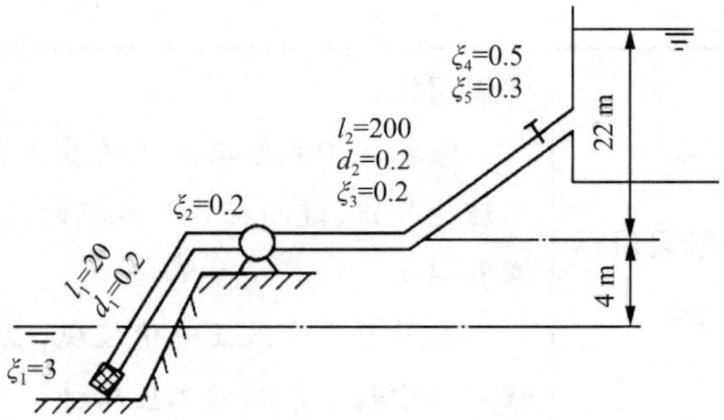

作答区(可自行加页)：

小组合作情境探究：

某热水采暖系统，如图所示，系统总流量为 2000 L/h，立管Ⅰ：$L_1=25$ m，$d_1=25$ mm，$\sum\zeta_1=25$，立管Ⅱ：$L_2=15$ m，$d_2=20$ mm，$\sum\zeta_2=20$，沿程阻力系数均为 0.02，试讨论并求出立管Ⅰ和Ⅱ的流量 Q_1 与 Q_2。

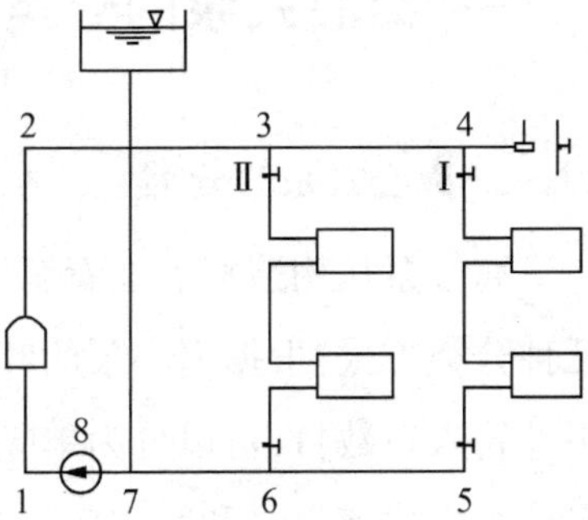

第七章 流体机械的理论基础

学习目标	**知识目标：** 掌握离心式泵与风机的基本构造、性能参数、工作原理以及相关基本理论知识，进而在泵与风机的运行、调节、选型中熟练应用。 **素养目标：** 在学习中塑造正确价值观，以价值做引领培养科学的思维方法和工程实践中精益求精的工匠精神。
学习重点	离心式泵与风机的基本构造和性能参数，掌握其工作原理。
学习难点	离心式泵与风机的正确选用原则、运行及调节方法。
建议学时	6 学时

第一节 离心式泵与风机的构造和理论基础

离心式泵与风机是工程领域使用非常广泛的一种流体输送机械，泵与风机将原动机的机械能通过转化传递使泵与风机获得动能和势能克服流动阻力，从而实现流体输送的目的。

一、离心式泵的分类、构造及原理

1. 离心式泵的分类

离心泵从构造特点上看属于叶片式。流体轴向进入叶轮，径向流出。主要有以下几种分类方式：根据离心泵的叶轮数目，可以分为单级离心泵和多级离心泵；根据离心泵叶轮入口数目，可以分为单吸离心泵和双吸离心泵；根据离心泵主轴的位置特点，可以分为立式离心泵和卧式离心泵。

2. 离心式泵的构造

实际工程中最常见的是单级单吸泵，这种泵应用非常广泛，所能提供的流量范围为4.5~300.0 m^3/h，扬程为8~150 m。离心泵的主要组成部件包括叶轮、泵壳、吸入室、泵轴、轴封、密封环、泵座、轴向力平衡装置等。

叶轮是离心泵的主要部件，由盖板、叶片和轮毂组成，按盖板的形式可分为敞开式叶轮、半开式叶轮和封闭式叶轮，如图7-1所示。

(a)敞开式叶轮　　(b)半开式叶轮　　(c)封闭式叶轮

图7-1　离心式泵叶轮盖板形式

离心泵的泵壳大多采用蜗壳形，主要作用是收集叶轮高速旋转带出的流体，可使部分流体的动能转换为压力势能，最后将流体均匀导向排出口。泵壳顶有充水和放气的螺孔，以便在水泵启动前用来充水和排走泵壳内的空气；底部设有放水孔，以便离心泵停车或者检修时放掉积水。

离心泵吸入室的结构形状主要包括锥形吸入室、圆环形吸入室以及半螺旋形吸入室。离心泵吸入室的作用是使流体流动损失尽量小的情况下进行集流和引流。吸入室的结构形状对离心泵的吸入性能有很大影响，锥形吸入室应用较为普遍。

离心泵密封环(又称减漏装置)的作用是填充高速转动的叶轮和固定的泵壳之间的缝隙，防止泵壳内高压区流体向低压区泄漏，通常在泵壳和叶轮上都安装密封环。密封环使用磨损后应该及时更换，以免影响离心泵的运行效率。

泵轴将电机能量传递给叶轮，带动叶轮旋转，传递扭矩。一般会安装轴套来保护泵轴的磨损，轴套磨损锈蚀可以更换。

离心泵轴封一般分为填料轴封、骨架橡胶轴封、机械轴封和浮动环轴封等。轴封是在泵轴伸出泵体处的泵轴和固定泵体之间的减漏装置，用来减少泵内压强较高的液体漏出，或防止泵外部空气渗入。

单吸单级泵以及一些多级泵的叶轮不对称的问题会导致叶轮两侧的流体工作压强不对等，产生轴向推力。为避免泵轴及叶轮因反复位移和受到轴向力而产生磨损，采取在叶轮的后盖板上钻平衡孔，并在后盖板安装减漏环的措施来平衡轴向力。

离心式泵除以上主要部件外，还包括吸水管、压水管、托架、联轴器、轴承座、底阀等部件和管路附件。

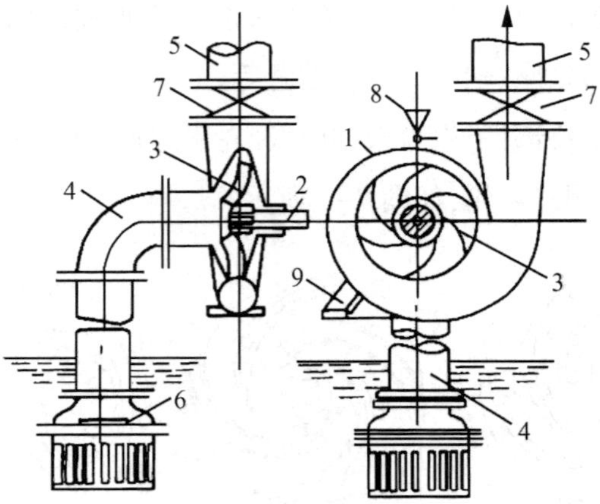

1—泵壳；2—泵轴；3—叶轮；4—吸水管；5—压水管；6—底阀；
7—闸阀；8—灌水漏斗；9—泵座

图 7-2　典型的单吸单级离心泵构造图

3. 离心式泵的工作原理

离心式泵启动后，在电机的带动下泵轴开始转动，泵轴带动叶轮高速旋转，利用叶轮旋转产生的离心力使流体获得能量，流体的压能和动能都将得到提升，从而能够将流体输送到高处或远处。离心泵泵轴保持水平，泵轴的一端悬出为悬臂端，端部装有叶轮，当叶轮旋转时，流体轴向流入，然后转 90°进入叶轮流道并径向流出，至压水管排出。离心泵叶轮和泵壳之间装有减漏环，泵轴上装有轴封装置，作用是减少泵内高压液体的外泄及空气的渗入。叶轮上一般开有平衡孔，以平衡轴向推力。叶轮装在一个螺旋形机壳内，由于叶轮连续旋转，在叶轮入口处不断形成真空，从而流体将连续不断地由叶轮吸入和排出。

二、离心式风机的分类、构造及原理

1. 离心式风机的分类

离心式风机的分类主要有以下几种：依据全压值可分为全压值小于或等于 1000 Pa（约 100 mmH_2O）的低压风机；全压值在 1000～3000 Pa 之间（100～300 mmH_2O）的中压风机；全压值大于 3000 Pa（约 300 mmH_2O 以上）的高压风机。低压和中压风机大都用于通风系统、除尘系统和空气调节系统，高压风机则一般用于特定设备的强制通风及气力输送系统。

根据风机的叶片出口角度,可以分为前向式、径向式和后向式,如图 7-3 所示。

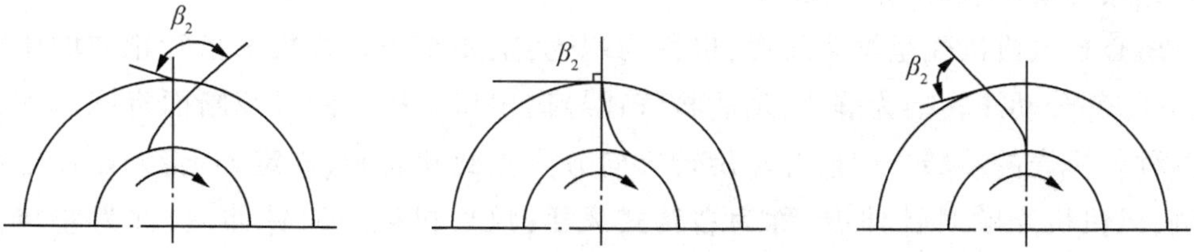

(a)前向式叶片 $\beta_2>90°$　(b)径向式叶片 $\beta_2=90°$　(c)后向式叶片 $\beta_2<90°$

图 7-3　风机的叶片出口角度

我国还生产了许多专门用于除尘、输送煤粉、锅炉引风、排酸雾等其他特殊用途的专用风机。

2. 离心式风机的构造

离心式风机的主要构造部件如图 7-4 所示。

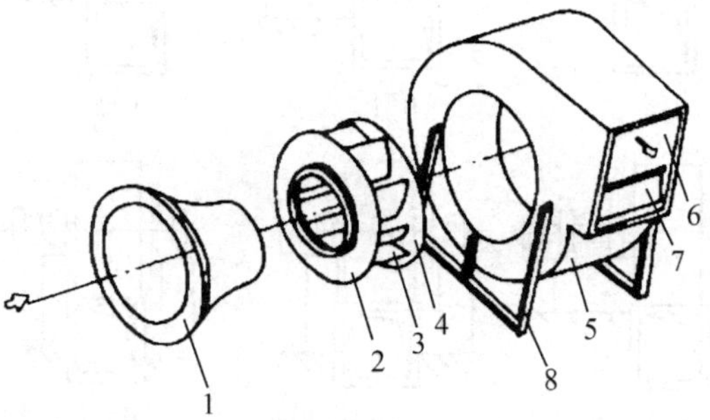

1—吸入口; 2 一叶轮前盘;3 一叶片;4 一叶轮后盘;5 机壳;

6—出口; 7—截流板(风舌);8—支架

图 7-4　离心式风机构造

离心式风机的吸入口安装在叶轮前部,保证气流能均匀地充满叶轮进口截面,使气流通过时流动损失降低到最小。吸入口主要有圆筒式、锥筒式和曲线式等。

叶轮是离心式风机的主要部件。叶轮主要由前盘、后盘、叶片及轮毂组成。离心式风机叶轮的叶片形状主要有机翼形、弧形和直线形三种,如图 7-5 所示。

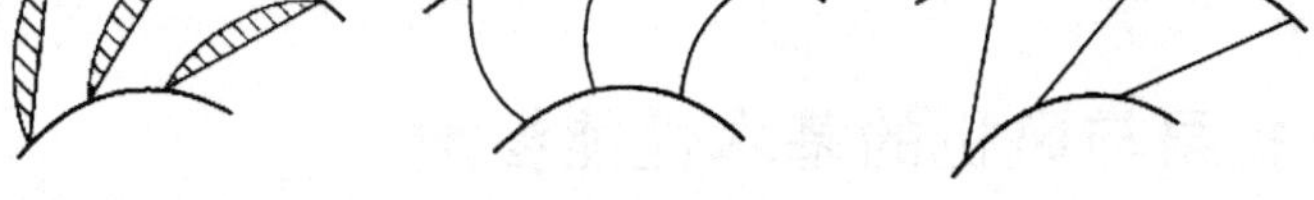

(a)机翼形　(b)弧形　(c)直线形

图 7-5　离心式风机叶片形状

直线形叶片制造简单,机翼形叶片强度高且具有优良的空气动力特性。目前,前向叶片多采用圆弧形叶片,后向叶片中,大型离心式风机多采用机翼形叶片,中、小型离心式风机多采用弧形和直线形叶片。

离心式风机机壳呈螺旋线形,也称为蜗壳,主要作用是收集来自叶轮的增压气体,并将部分动压转换为静压,最后将气体导向出口。机壳的过流断面有圆形和方形两种。机壳的旋转方向按叶轮旋转方向分为左旋和右旋,规定如下:人站在电机一侧,风机机壳顺时针伸展,称为右转式风机;风机机壳逆时针伸展,称为左转式风机。

离心式风机的传动方式主要分为六种。A 型为叶轮装在电机轴上,电动机与风机直联;B 型为叶轮悬臂支承,皮带轮在轴承之间;C 型为叶轮悬臂支承,皮带轮在轴承的外侧;D 型为悬臂支承,联轴器直联传动;E 型叶轮在两轴承之间,皮带轮在外侧,皮带轮悬臂传动;F 型为双支承,叶轮也在两轴承之间,联轴器直联传动,如图 7-6 所示。

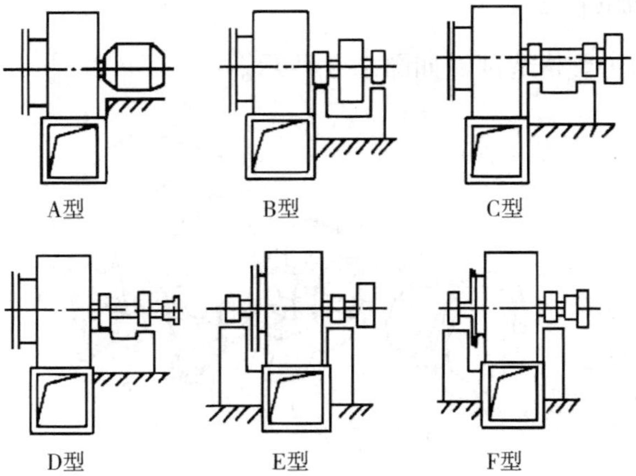

图 7-6　离心式风机的支承与传动

3. 离心式风机的工作原理

离心式风机的输送介质为气体。风机机壳内的叶轮安装在传动轴上,由电动机带动轴承旋转,进而带动叶轮叶片旋转,通过旋转产生离心力使叶片间流体通道内的气体与其一同高速旋转,气体从叶轮被甩出后,提高了动能和势能,沿流道流出风口,排出风机。进风口安装在靠近机壳中心处,出风口同机壳的周边相切。因叶轮带动气体高速旋转,所以在进风口处产生一定程度的真空,促使气体源源不断地吸入叶轮,达到连续输送气体的目的。

三、离心式泵与风机的基本性能参数

离心式泵与风机的基本性能参数包括流量、扬程(全压)、功率、效率、转速、允许吸上真空高度、汽蚀余量等。

1. **流量** Q

单位时间内泵与风机所输送的流体体积称为流量，用 Q 表示，常用单位为 L/s、m^3/s、m^3/h。

2. **泵的扬程** H

单位质量流体从泵进口断面到出口断面所获得的能量增量，即离心泵获得的有效能量称为泵的杨程，用 H 表示，单位为 m，常以液柱高度表示。如果取离心泵的进口和出口为计算断面，根据伯努利方程可以得出离心泵工作时所获得的能量增量，泵的扬程可以表达为

$$H = z_2 - z_1 + \frac{p_2 - p_1}{\gamma} + \frac{v_2^2 - v_1^2}{2g} \tag{7-1}$$

3. **风机全压** p

单位体积气体从风机进口断面到出口断面所获得的能量增量，即风机获得的有效能量，称为风机全压，用 p 表示，单位为 Pa、kPa、mmH_2O。气体重度差较小，在位能项 z_1 和 z_2 忽略不计的情况下，取风机进口和出口为计算断面，根据伯努利方程，风机全压可以表达为

$$p_1 + \frac{\rho v_1^2}{2} = p_2 + \frac{\rho v_2^2}{2} + p_w \tag{7-2}$$

4. **泵与风机的轴功率** N

通过原动机传输至泵轴的功率，即输入功率称为泵与风机的轴功率，用 N 表示，常用单位为 W 或 kW。

5. **泵与风机的有效功率** N_e

单位时间内流体从泵与风机中所获得的实际能量称为泵与风机的有效功率，用 N_e 表示，有效功率等于体积流量、扬程和重度的乘积，常用单位为 W 或 kW。

$$N_e = \rho g H Q = pQ \tag{7-3}$$

式中，N_e——有效功率，kW；

ρ——流体的密度，kg/m^3；

Q——流体的流量，m^3/s；

H——泵的扬程，m；

p——风机全压，Pa。

6. **泵与风机的效率** η

输出的有效功率与输入的轴功率之比，即输入功率 N 的实际利用率视为泵与风机的效率，用 η 表示

$$\eta = \frac{N_e}{N} \tag{7-4}$$

式中，N——输入功率，kW；

η——泵与风机的效率。

泵与风机的效率 η 是评价泵与风机性能好坏的重要指标，η 越大，说明能量损失越小，利用率越高。

7. 转速 n

泵与风机叶轮每分钟的转数称为转速，用 n 表示，常用单位为 r/min。

四、离心式泵与风机的性能曲线

离心式泵与风机通过扬程或全压输送流体，所达到的流量、所需的功率及运行后的效率这几个性能参数间存在着密切的关系。主要包括流量与扬程之间的关系、流量与功率之间的关系以及流量与效率之间的关系。

离心式泵与风机运行过程中，流体通过吸入管从进口流入，通过排出管从出口流出，会产生流体流动的水力损失、由部件间流体泄漏引起的容积损失以及泵与风机部件间的摩擦机械损失等。离心式泵与风机性能的优劣可以由以上三种损失产生的效率进行描述，即泵与风机的全效率等于流动效率 η_1、容积效率 η_2 和机械效率 η_3 的乘积，即

$$\eta = \eta_1 \eta_2 \eta_3 \tag{7-5}$$

离心式泵的总效率一般在 0.62~0.92，离心式风机的总效率一般在 0.70~0.90。一般特定工况点的效率应为最高效率的 0.92~0.95，此区域称为最高效率区。

综合考量泵与风机的各项参数并将流量、扬程（或全压）、功率和效率绘制于坐标图上，称为离心式泵与风机的理论性能曲线。在考虑各项损失的情形下，将各项性能参数绘制于坐标图上，称为实际性能曲线。图 7-7 为离心式泵的性能曲线。

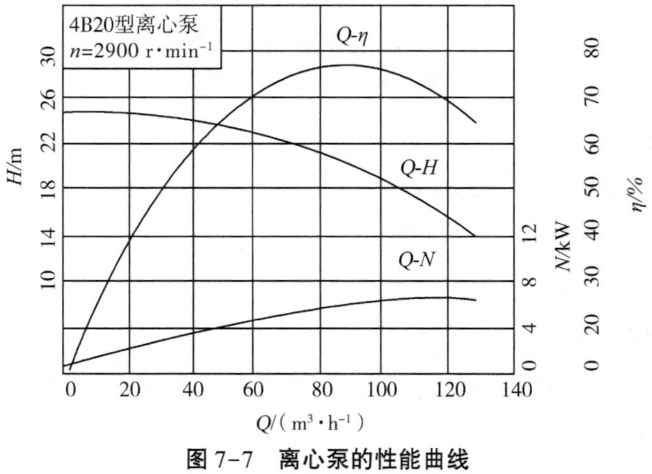

图 7-7　离心泵的性能曲线

从性能曲线上可以看出，流量 Q 的变化直接影响其他性能参数的变化，当流量为零时，功率不为零，此时会存在机械损失，所以实际运行中，尽量在短时间内进行零流量运行。

离心式泵与风机的机壳上在出厂时会安装性能参数铭牌，铭牌上会简要地列出设备在设计转速运行时，最高效率下的流量、扬程（或全压）、转速、电机功率以及允许吸上真空高度等重要参数。

五、离心式泵与风机的相似定律与比转数

离心式泵与风机通常会按照一定的系列进行设计生产，通过相似原理将模型的实验结果应用在系列条件相似的实际泵与风机上，模型结果同时也表明了系列条件相似的实际泵与风机的性能变化规律。

泵与风机的相似条件有三个，几何相似、运动相似以及动力相似。

泵与风机模型与实际设备的过流区域部件对应尺寸都成一定比例，所有的对应角也相等，称为几何相似。

泵与风机模型和实际设备的特定工况点流速比值相等，方向相同，即对应工况点的速度三角形相似，称为运动相似。

泵与风机模型与实际设备作用于流体的同名力比值相同，方向相同，称为动力相似。其中需参考在流体流动中起主要作用的惯性力和黏滞力的同比值，即满足动力相似条件，由此也可以得出，模型与实际设备中流体的雷诺数相等，即可称为两设备动力相似。

泵与风机在全效运行下，如果叶轮外径比值和转数比值较小，可以近似认为效率相等。在相似条件下，用下角标 p 来标记泵与风机实际设备的各项参数，用下角标 m 来标记模型性能参数，泵与风机的特定工况点的性能参数关系即相似三定律为

$$\frac{Q_{\mathrm{p}}}{Q_{\mathrm{m}}}=\left(\frac{D_{\mathrm{p}}}{D_{\mathrm{m}}}\right)^{3}\frac{n_{\mathrm{p}}}{n_{\mathrm{m}}} \tag{7-6}$$

$$\frac{H_{\mathrm{p}}}{H_{\mathrm{m}}}=\left(\frac{D_{\mathrm{p}}}{D_{\mathrm{m}}}\right)^{2}\left(\frac{n_{\mathrm{p}}}{n_{\mathrm{m}}}\right)^{2} \text{或} \frac{P_{\mathrm{p}}}{P_{\mathrm{m}}}=\frac{\rho_{\mathrm{p}}}{\rho_{\mathrm{m}}}\left(\frac{D_{\mathrm{p}}}{D_{\mathrm{m}}}\right)^{2}\left(\frac{n_{\mathrm{p}}}{n_{\mathrm{m}}}\right)^{2} \tag{7-7}$$

$$\frac{N_{\mathrm{p}}}{N_{\mathrm{m}}}=\frac{\rho_{\mathrm{p}}}{\rho_{\mathrm{m}}}\left(\frac{D_{\mathrm{p}}}{D_{\mathrm{m}}}\right)^{5}\left(\frac{n_{\mathrm{p}}}{n_{\mathrm{m}}}\right)^{3} \tag{7-8}$$

相似定律在应用时主要考虑在输送流体不同性能参数发生变化时的相互关系问题。

当用两台相似的风机输送流体时，风压和轴功率都与密度相关，但流量和扬程与密度无关。两台相似的离心式泵或风机在转速不同时，流量和转速比为线性关系，扬程与转速比为平方关系，功率与转速比为三次方关系。在泵或风机的转速变化时，如

实际条件不能保证规定的转速时,可利用相似率换算出规定转速下的各性能参数。如果两台泵或风机相似,叶轮外径发生变化,扬程(或全压)与叶轮外径比为平方关系,流量与叶轮外径比为三次方关系,功率与叶轮外径比为五次方关系。

比转数是同系列泵与风机具有的一个包含流量、扬程、功率等性能参数的综合性参数,通常用 n_s 来表示,离心泵的比转数根据相似定律可以表达为

$$n_s = \frac{nQ^{\frac{1}{2}}}{H^{\frac{3}{4}}} \tag{7-9}$$

式中,n——离心式泵的转速,r/min;

Q——离心式泵的流量,m^3/s;

H——离心式泵的扬程,m。

离心式风机的比转数同样可以根据推导得出

$$n_s = \frac{nQ^{\frac{1}{2}}}{p^{\frac{3}{4}}} \tag{7-10}$$

式中,n——离心式风机的转速,r/min;

Q——离心式风机的流量,m^3/s;

p——离心式风机的全压,Pa。

六、相似定律的应用

1. 被输送流体的密度改变时性能参数的换算

泵或风机大小尺寸未变,转速也未变,当输送流体的密度发生变化时,相似律可简化为

$$\begin{cases} Q = Q_m \\ H = H_m \text{ 或 } \dfrac{p}{p_m} = \dfrac{\rho}{\rho_m} \\ \dfrac{N}{N_m} = \dfrac{\rho}{\rho_m} \end{cases} \tag{7-11}$$

由上式可知,输送不同的流体时,流量、扬程都与密度无关,只有风压和轴功率与密度有关。

2. 转速改变时性能参数的换算

泵或风机输送同种流体,当转速 n 改变时, 性能参数按相似定律变化。此时相似律可简化为

$$\begin{cases}\dfrac{Q}{Q_{\mathrm{m}}}=\dfrac{n}{n_{\mathrm{m}}}\\[2ex]\dfrac{H}{H_{\mathrm{m}}}=\dfrac{p}{p_{\mathrm{m}}}=\left(\dfrac{n}{n_{\mathrm{m}}}\right)^2\\[2ex]\dfrac{N}{N_{\mathrm{m}}}=\left(\dfrac{n}{n_{\mathrm{m}}}\right)^3\end{cases}\tag{7-12}$$

由上式可知，同一台泵或风机，只改变转速时，流量与转速比成线性关系，扬程（全压）与转速比成平方关系，功率与转速比成三次方关系。

3. 叶轮形状改变时性能参数的换算

泵或风机叶轮形状改变时，性能参数按相似定律变化。此时相似律可简化为

$$\begin{cases}\dfrac{Q}{Q_0}=\left(\dfrac{D}{D_0}\right)^3\\[2ex]\dfrac{H}{H_0}=\left(\dfrac{D}{D_0}\right)^2\\[2ex]\dfrac{P}{P_0}=\left(\dfrac{D}{D_0}\right)^5\end{cases}\tag{7-13}$$

由上式可知，同一台泵或风机，叶轮外径发生变化时，流量和外径成三次方关系，扬程（全压）与外径成平方关系，功率与外径成五次方关系。

离心式泵与风机的构造和理论基础　小结任务单

1. 离心式泵的工作原理是什么？离心式风机的工作原理是什么？
2. 离心式泵与风机的基本性能参数包括哪几个？请分别写出其计算公式。当效率 η 越大时说明什么？
3. 离心式泵与风机性能曲线主要包括哪几种参数间的关系？离心式泵与风机的特定工况点的性能参数关系即相似三定律是什么？

第二节 离心式泵与风机的工况分析和调节

一、离心式泵与风机的管路特性曲线和工况点

通过离心式泵与风机的特性曲线可以知道，每一台设备在特定的转速下都有自己固有的特性曲线，即每一组流量和扬程的对应值在特性曲线上都能找到一个工况点。离心式泵与风机每一组性能参数的特定工况点，也可以理解为设备的瞬时工作能力，这个特定工况点和泵与风机的管路特性曲线密切相关。

离心式泵管路总的水头损失包括沿程阻力和局部阻力，管路特性方程，离心式泵的管路特性曲线与工况点如图 7-8 曲线所示。

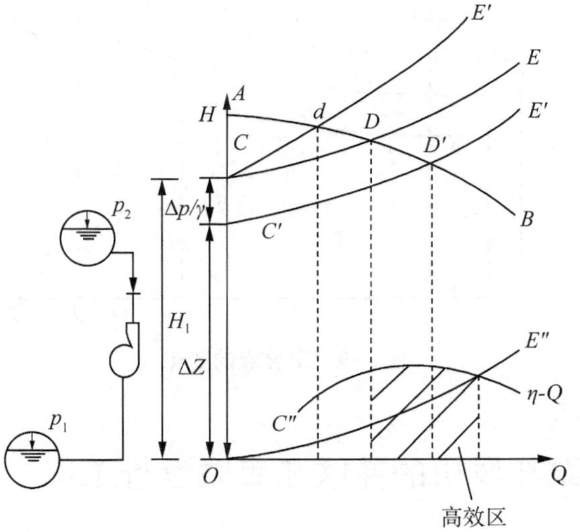

图 7-8 离心式泵的管路特性曲线与工况点

$$H = \Delta Z + \frac{\Delta p}{\gamma} + \sum h_w = H_1 + S_H Q^2 \tag{7-14}$$

当 $\Delta p = 0$ 时，管路特性方程可以改写为

$$H = \Delta Z + S_H Q^2 \tag{7-15}$$

管路特性曲线如图 7-8 中 $C'E'$ 所示。当 $\Delta p = 0$、$\Delta Z = 0$ 时，管路特性方程可以改写为

$$H = S_H Q^2 \tag{7-16}$$

管路特性曲线如图 7-8 中 $C''E''$ 所示。同理气流管路系统管路特性方程可以表达为

$$P = S_p Q^2 \tag{7-17}$$

管路特性曲线与泵或风机的设备性能无关,而与实际工程需求有很大关系。离心式泵的工况点建立在设备和管路系统的能量平衡关系之上。无论是泵或风机,还是管路系统发生的任何变化都会改变工况点位置。图 7-8 中 AB 曲线为某设备的性能曲线,泵或风机的性能曲线和管路特性曲线的交点为 D。D 点的意义在于表达了选定的泵或风机可以在流量为 Q_D 的情况下,向该设备提供扬程 H_D。如果 D 点处在泵或风机特性曲线的高效率范围内,则各项性能参数皆能满足实际需求,那这个经济合理的点即为泵或风机的工况点。

在泵或风机的运行过程中,管路中流体流量发生变化时,管路压力也会随之变化,泵或风机的工况点也会随之位移,并建立新的平衡。如图 7-9 中 A 点到 C 点的变化所示。

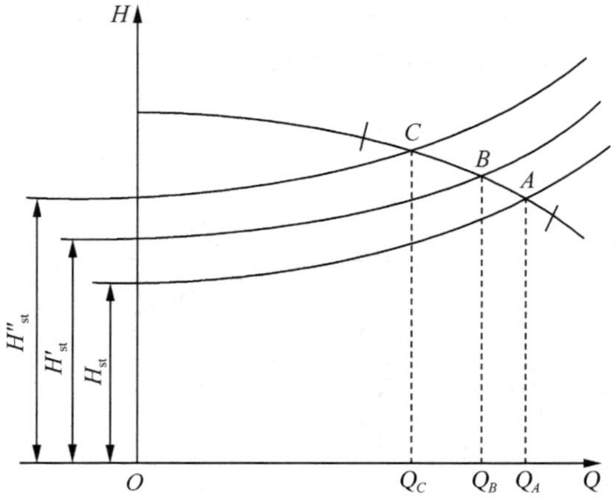

图 7-9　工况点的变化

二、离心式泵与风机的并联和串联运行工况

在实际工程中,将两台及两台以上的泵与风机并联或串联在同一个管路系统中称为泵或风机的联合运行。

1. 并联运行

并联运行是实际工程采用较多的一种运行方式,并联管路系统中每台泵或风机的工作压头相同,系统总流量等于各设备流量之和。并联运行一般适用于用户对流量需求较大时,为避免设备造价高等问题;或者需要流量变化幅度大时,或需要通过开停设备来调节流量和扬程时,或单台设备故障需要检修时,通过并联运行实现节能和系统安全运行。如图 7-10 所示,A 点为并联工作点,D_1、D_2 点为并联运行各台设备工况点,A_1、A_2 点为设备单机运行工作点。

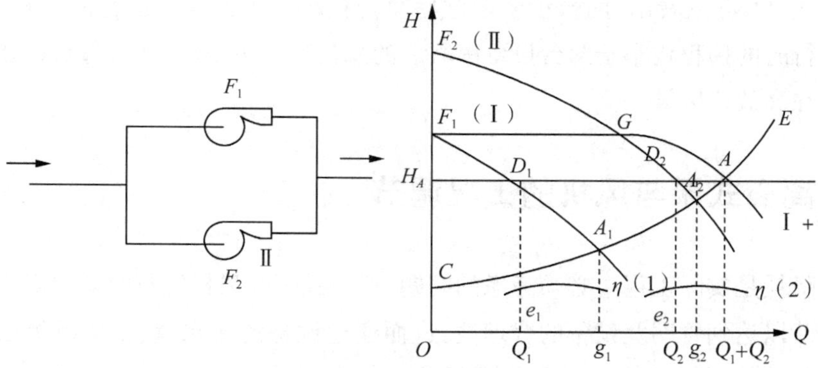

图 7-10　并联运行

由图 7-10 可以看出，单台设备单独运行的流量之和大于两台相同设备并联运行的总流量，即 $Q_A<q_1+q_2$，但设备单独运行时所能提供的流量小于两台设备并联运行时的总流量 Q_A。另外，为达到经济合理性，并联运行时，每台设备曲线都应保持在高效率区域。

不同型号泵或风机并联运行，由于力不对称，每台设备的扬程也不相等，因此流量是不能简单叠加的。当设备性能差异较大时，还会出现并联运行的总性能曲线不能和管路特性曲线相交，起不到通过并联增加流量的效果，因此泵或风机较适合同型号设备进行并联运行。

2. **串联运行**

串联运行是沿管路将两台泵或风机顺次连接，流体依次流过两台设备时，流体获得能量为各设备提供能量之和。第一台设备的出流口和第二台设备的吸入口相连，联合运行的性能曲线在同流量下进行各单台设备的扬程和全压叠加。如图 7-11 所示，A 点为两台设备串联后工作点，D_1、D_2 点为串联运行各台设备工况点，A_1、A_2 点为设备单机运行工作点。

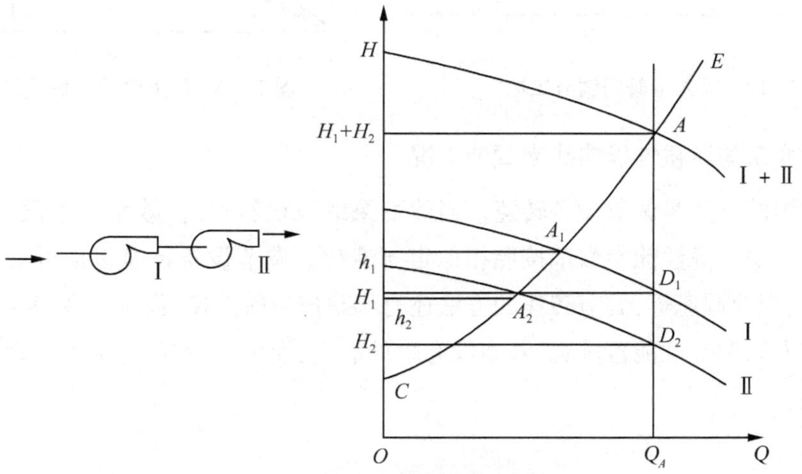

图 7-11　串联运行

由图 7-11 可以看出，两台设备串联后总扬程小于单台设备运行的扬程之和，单台设备运行时的扬程均小于两台设备串联后的总扬程。串联运行时，每台设备的曲线都应保持在高效率区域。

三、离心式泵与风机的工况调节

节能降耗是实际工程中必须考虑的问题，离心式泵与风机运行时需要经常进行设备工况调节以达到管网及设备的合理性，进而通过设备的变水量、变风量等措施实现工作点随负荷的变化，以符合实际工程需求。

1. 改变管路性能曲线来调节工况

最常用的方法是进行阀门调节。首先可以通过调节风机吸入管阀门进行调节，不仅改变了系统管路性能曲线，还改变了风机的性能曲线，如图 7-12 中 *CE′*和 *AB′*所示。还可以通过调节泵或风机出流管阀门进行调节，调整出流管阀门开度，改变管路阻抗，进而调节管路特性曲线，来控制流量大小，但是通过阀门调节管网阻力工况耗能较大。如图 7-13 所示，当阀门全开时，工作点为 *D*；当阀门调整开度时，管路特性曲线将变化至 H_c''，则工作点由 *D* 点变化至 *D′*点。

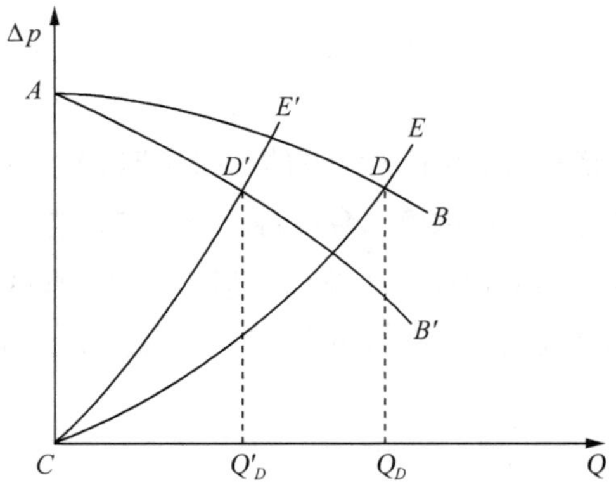

图 7-12　吸入管阀门调节工况

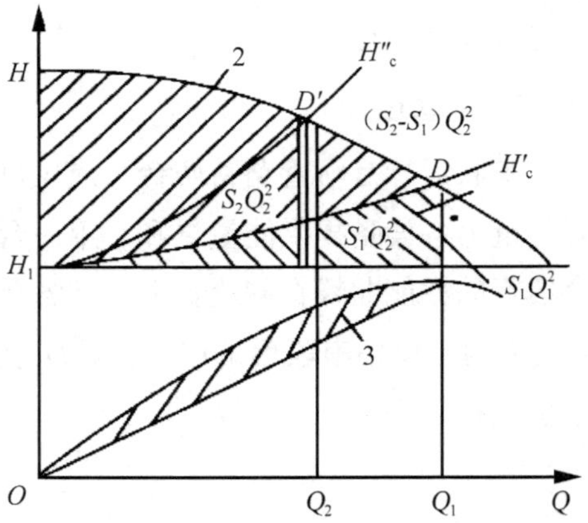

图 7-13　出流管阀门调节工况

2. 改变泵与风机性能曲线来调节工况

最常用的方法是调节设备转速。当改变泵或风机转速时，效率基本没有变化，但流量、压头、功率等性能参数都按照相似定律变化。调节设备转速包括可变磁极数的双速电机、变频调速等，调节转速的方法还有调整皮带轮变速、齿轮箱变速等。设备调节转速的方法调节性能范围宽，基本没有附件能损，经济性最好，适合大多数设备管网系统使用。

3. 切削叶轮直径来调节工况

叶轮外径经切削变小，离心式泵的性能参数也随之而变。叶轮切削后与原叶轮并不相似，所以根据经验公式，离心式泵性能参数一般按下式进行换算

$$\frac{Q}{Q}=\frac{D'_2F'_2}{D_2F_2} \tag{7-18}$$

$$\frac{H'}{H}=\left(\frac{D'_2}{D_2}\right)^2\frac{\cos\beta'_2}{\cos\beta_2} \tag{7-19}$$

$$\frac{N'}{N}=\left(\frac{D'_2}{D_2}\right)^3\cdot\frac{F'_2}{F_2}\cdot\frac{\cos\beta'_2}{\cos\beta_2} \tag{7-20}$$

式中，Q'——叶轮切削后的流量；

H'——叶轮切削后的扬程；

D_2'——叶轮切削后的外径；

F_2'——叶轮切削后的过流断面面积；

β_2'——叶轮切削后的叶片出口安装角。

实践发现，当切削量不大时，切削前后的设备效率是近似的，故可以不考虑叶轮切削后的过流断面面积、叶片出口安装角的修正问题。

离心式泵与风机的工况分析和调节　小结任务单

1. 什么是离心式泵与风机的工况点？管路性能曲线与泵或风机的设备性能无关，而与实际工程需求有很大关系，这种说法正确吗？
2. 单台水泵设备单独运行的流量之和大于两台相同设备并联运行时的总流量，这种说法正确吗？两台水泵设备串联后总扬程小于单台水泵设备运行时的扬程之和，这种说法正确吗？
3. 通过改变管路特性曲线来调节工况最常用的方法是什么？通过改变泵与风机性能曲线来调节工况最常用的方法是什么？

第三节　离心式泵与风机的安装和选择

一、泵的气蚀现象

水泵中某处压强降低至工作温度下饱和蒸汽压(即汽化压强)时,部分液体开始汽化并形成气泡,由于压强的降低,水中的氧气也会析出产生气泡,大量气泡随流体流动到高压区,高压下气泡迅速破灭,在气泡破灭区域内局部产生高频、大冲击力的水击和强烈的局部水锤现象,其频率可达 20000~30000 Hz。气泡破灭瞬间的局部压力可以达到几十兆帕,作用在叶轮、叶片壁面上使其表面逐渐形成蜂窝状或海绵状局部损伤,日积月累后叶片还可能出现裂缝和脱落,严重时可听到气泡炸裂的轻微噪声,这种现象称为气蚀现象。

在气蚀开始后,水泵外在表现可能是噪声、振动,继而水泵扬程、功率开始下降;严重时使水泵中过流减小以致流量降低,并使水流状态遭到破坏、能量损失增大,水泵最后可能会出现断流。当有气蚀现象发生时,应立即进行分析并解决引起气蚀的问题,检修设备并更换叶轮以保证水泵系统的正常运行。

二、泵的安装高度

泵的安装高度决定了如何确定泵房内的基准面标高。水泵吸入口的压强是设备运行时不发生气蚀并保证设备系统正常运行的关键。

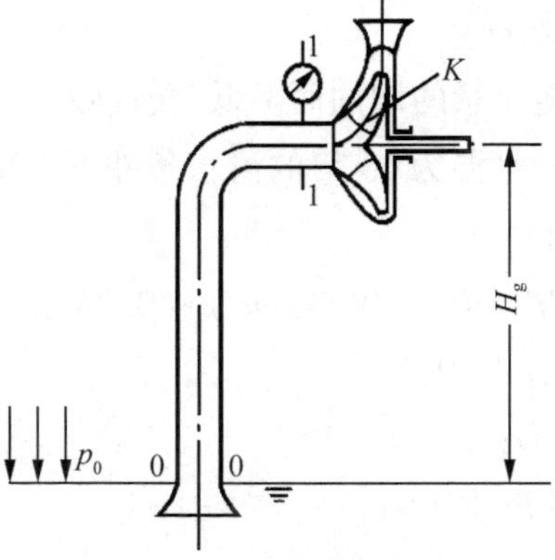

图 7-14　水泵安装高度

如图 7-14 所示,以吸水池水面为基准面,列水面 0-0 断面和水泵吸入口断面 1-1 的伯努利方程,液面流速忽略不计,即

$$\frac{p_0}{\rho g}=H_g+\frac{p_1}{\rho g}+\frac{v_1^2}{2g}+h_w$$

$$\frac{p_0-p_1}{\rho g}=H_g+\frac{v_1^2}{2g}+h_w \tag{7-21}$$

式中，p_0、p_1——吸水池液面、泵吸入口处绝对压强，Pa；

H_g——泵的安装高度，即吸水池液面和泵的吸入口轴心线高差，m；

v_1——泵吸入口处的断面平均流速，m/s；

h_w——泵吸水管路的总水头损失，m。

若 $p_0=p_a$（大气压强），则式(7-21)可以改写为

$$\frac{p_0-p_1}{\rho g}=\frac{p_a-p_1}{\rho g}=H_s=H_g+\frac{v_1^2}{2g}+h_w \tag{7-22}$$

式中，H_s——泵的吸入口真空高度，即吸水池液面与泵的吸入口断面间的压强差，Pa。

由式(7-22)可以看出，水头损失增大会引起泵的吸入口真空高度增大，可能会发生气蚀，所以吸水管段不可以安装调节阀门，而且泵的吸入口真空高度也会随着泵安装高度的增加而变大，当数值增加到接近汽化压强时，就会发生气蚀现象。为避免发生气蚀，通过实验确定泵的吸入口真空高度的最大值，实际数值应小于最大值。允许吸上真空度应该以吸入口真空高度的最大值减 0.3 进行修正。水泵的实际安装高度也应该小于允许安装高度

$$\mathrm{H'_s=H_{smax}-0.3} \tag{7-23}$$

$$H_g<H'_g=H'_s-\frac{v_1^2}{2g}-h_w \tag{7-24}$$

式中，H_{smax}——允许吸入口真空高度最大值，m；

H'_s——修正后允许吸入口真空高度，m；

H'_g——允许安装高度，m。

允许吸入口真空高度随流量的增加而降低，允许吸入口真空高度的值是生产厂家在大气压强为 101.325 kPa、水温为 20 ℃的清水条件下得出的，当条件不同时，应对允许吸入口真空高度进行修正

$$H'_s=H_s-(10.33-h_a)+(0.24-h_v) \tag{7-25}$$

式中，h_a——当地大气压强，mH_2O；

h_v——汽化压强，mH_2O；

0.24——20 ℃时水的汽化压强。

三、离心式泵与风机的选用

离心式泵与风机在选用时应考虑功能需求和经济合理两方面，首先应熟悉离心式

泵与风机的管路布置情况、地形条件以及输送流体类型、物理性质等。在选风机时，应弄清输送气体具体用途，如空调系统、烟气系统还是易燃易爆及腐蚀性气流系统等，需要根据要求选择不同用途的风机。同理，在选水泵时，也应弄清被输送液体流体的物性，然后根据清水系统、污水系统、冷凝水系统等实际要求选择不同用途的水泵。

(1)泵与风机选用时，首先需要确定设备系统的最大流量、泵的最高扬程以及风机的最高全压，需以10%~20%的附加安全量补偿计算误差或管网漏耗等情况。

(2)泵与风机的类型确定后，需根据流量、扬程、全压等参数选择设备型号，可查阅样本或手册。选用泵与风机时要考虑稳定性，扬程-流量曲线工作点应选在高点后的下降段为宜，效率曲线工作点应落在最高效率$\pm 90\% \eta_{max}$区域内。一般设备出厂时提供的样本或手册里的综合性能曲线数据点可以直接参考选用。

(3)应根据工程实际考虑是否采用设备并联或串联或是否需要备用设备等。当选定并联运行时，应尽可能选用型号、性能相同的设备。风机则不适合串联运行，如必须采用串联时，两级设备间应设置足够的管长。泵与风机的转向、进出口位置必须与设备管路系统适配。

(4)设备出厂时产品样本提供的数据参数是在规定条件下得出的，如流体输送时温度、密度或当地大气压强等与规定条件不符，需要进行参数换算，然后根据换算后的参数选择设备型号。

(5)泵与风机选用时还需考虑减振降噪，一是设备可选用频率高、叶轮圆周速度低的，另外在设备系统安装时应采用消声和减振措施。

(6)根据实际工程项目情况，必要时需按照初投资和运行费用的综合技术经济比较进行泵与风机的选用。

四、泵与风机的安装与运行

1. 离心式泵的安装与运行

离心式泵安装前应首先根据工程实际需求设计好泵的排列方式、设备间距等，以保证设备系统管路最短、管路接口最少。离心式泵的安装基础不能设置在松软的地基上，方形基础尺寸按照离心式泵提供的安装尺寸确定，基础间距要合理，需根据电机容量大小进行调整。离心式泵的吸水管和排水管应在保证安全运行、初投资尽量合理且电耗尽量小的情况下做到吸水管不漏气，避免破坏泵入口处的真空度；水平管段顺流动方向设置向上坡度，保证不积气；吸水管进口底阀保证淹没深度，避免吸气，最低水位下淹没深度不小于0.5~1.0 m。为避免吸入管路的阻力增加，不能在吸水管段上设置调节阀门。有吸升管段的离心式泵装置中，启动前应先向泵及吸入管段中充水，或采用真空泵抽出泵内和吸水管中的空气。压水管路一般应安装伸缩节补偿系统运行产生的推力,压水管还应设置止回阀。多台水泵布置还需保障一台水泵检修不影响其他水泵的正常工作。

如不是采用自吸式水泵,设备启动前需进行灌泵,灌泵分手动式和自灌式,注意泵启动前必须关闭排出阀。为了避免原动机过载,离心泵应在零流量下启动,而在停车前,也要使该量为零,以免发生水击。离心式泵试运转时要检查零部件是否松动、摩擦、存在异响等,设备管路连接是否牢靠,离心式泵安全保护和电控装置仪表等是否准确灵敏,还要检查轴封填料盒是否发热滴水,随时记录设备性能参数,观察参数指示是否正常,离心泵在额定工况点连续试运转的时长应超过 2 h。离心式泵停车前,应首先关闭出水管阀门,再闭闸停车,依次关闭真空表阀、压力表阀。压力管道系统中,流速变化剧烈,要避免压力急剧升降而导致水锤故障发生。

2. 离心式风机的安装与运行

离心式风机安装前应做好设备检查,包括零部件是否齐全、叶轮机壳等部件安装尺寸是否符合设计要求、叶轮旋转方向等,如发现问题需要及时调整。通风机与进出口风管需合理连接,以保证风机进出口流体流动均匀,还要注重设备系统的消声减振装置是否符合设计要求。如果设备是带轮传动形式的风机,需要注意两个带轮外侧面必须平齐,否则需要调整电动机的安装位置。联轴器传动形式的风机,安装时需将主轴和电机轴同心,误差值限制在 0.05 mm,联轴器过流断面的平行度误差值应限制在 0.02 mm。风机传动装置的外露部分需要有防护措施,安装后的风机叶轮需要转动检查其是否与机壳有擦撞现象。

离心式风机结构相对简单,启动运行前应首先检查连接是否牢靠,以及轴承润滑是否充分等,确认电动机转向和风机转向是否相符,检查风机机壳、带罩等是否有障碍物,还包括风机设备、轴承座、电机等基础位置是否有倾斜、损坏等情况。仔细检查后,打开电机开关,确认各部件运行无摩擦,达到正常转速后,先保障小负荷运转,且稳定运转 20 min 以上,然后逐渐打开调节阀,在规定负荷下连续运转时间不应小于 2 h,如设备为大型风机应在稳定运行 2 h 后检查轴承情况,如情况正常需开机连续运转不低于 6 h。

如在风机运行过程中出现电流不稳定、振动、设备轴温过高等情况,必须立即停机检修,严禁设备带故障运转。

离心式泵与风机的安装和选择　小结任务单

1. 什么是泵的气蚀现象？
2. 为避免发生气蚀，应如何确定水泵的实际安装高度？
3. 离心式泵与风机的选用原则是什么？离心式泵与风机的安装和运行需要注意什么？

流体机械的理论基础　作业任务单

姓名		学号		班级	

作业题目：

1. 请简述离心式泵敞开式叶轮、半开式叶轮和封闭式叶轮的区别。
2. 离心式风机根据全压值可分为几类？
3. 按风机的叶片出口角度，可以分为几种形式？每种形式的叶片形状包括几种？
4. 某离心式水泵的输水量 $Q=20\ L/s$，水泵进口直径 $D=100\ mm$，经计算，吸水管的水头损失 $h_w=4.0\ mH_2O$，铭牌上的允许吸上真空度 $H=8\ m$，输送水温为 50 ℃的清水，当地海拔为 1000 m，求水泵的最大安装高度 H_{max}。

作答区（可自行加页）：

小组合作情境探究：

某离心式水泵在 $n=2900\ r/min$ 的条件下，实测参数为：$Q=0.17\ m^3/s$，$H=104\ m$，$N=184\ kW$，如有一几何相似的水泵，其叶轮比上述泵的叶轮大一倍，在 1450 r/min 情况下运行，试讨论并求出效率相同的工况点的流量、扬程及功率。

某空调系统需要从冷水箱向空气处理室供水，最低水温为 10 ℃，要求供水量为 24 m^3/h（日用水量变化不大），几何扬程水高度为 6.2 m，空气处理室喷嘴前应保证有 16.5 m 的压头，经计算，供水管路的水头损失为 5.8 mH_2O。为了便于系统的随时启动，将水泵装设在冷水箱之下（即自灌式），试讨论并选择水泵。